GIC宝石学丛书

钻石分级的原理与方法

袁心强 著

中国地质大学出版社

内 容 简 介

本书系统阐述了钻石品质评价的发展历史,4C 评价的原则,钻石分级的标准,具体进行钻石品质分级的技术方法、技术要点和应予注意的问题。本书还从实际应用的角度,介绍了钻石分级证书的内容和格式,钻石估价及证书,钻石仿制品的鉴别等。本书的内容紧凑,概念严谨,条理清晰,内容丰富,可作为大专院校的专业图书,职业技术培训的教学图书,职业人员的参考书等。

图书在版编目(CIP)数据

钻石分级的原理与方法/袁心强著.—武汉:中国地质大学出版社,1998.5 (2023.8 重印)
ISBN 978-7-5625-1310-0

Ⅰ.①钻…
Ⅱ.①袁…
Ⅲ.①金刚石－分级
Ⅳ.①TS934.3

中国版本图书馆 CIP 数据核字(2010)第 018454 号

钻石分级的原理与方法
袁心强　著

出版发行	中国地质大学出版社(武汉市喻家山·邮政编码:430074)
责任编辑	赵颖弘　责任校对　徐润英　特约编辑　黄凤鸣
印　　刷	武汉市乐生印务有限公司

开本 850×1168　1/32　印张 6.5　字数 167 千字
1998 年 5 月第 1 版　1998 年 5 月第 1 次印刷
印次:2023 年 8 月第 17 次印刷　印数 41001－43 000 册
定价:48.00 元
ISBN 978-7-5625-1310-0

序　言

　　编撰一套内容丰富，反映现代宝石学水平的宝石学丛书是珠宝学院长久以来一直努力的目标。在积累了丰富的教学、研究和实践工作的成果与经验之后，在国内外同行的帮助与合作下，《钻石分级的原理与方法》作为丛书的一本首先问世了。

　　严谨准确地阐述宝石学的各个方面，介绍最重要、最适用和最新的理论和技术是本套丛书的指导方针。《钻石分级的原理与方法》一书，介绍了当今国际上最有影响的钻石分级规则，系统地阐述了钻石分级的理论和方法，尤其注重介绍应用最简便工具进行分级的技术方法和如何解决钻石分级中可能遇到的问题。

　　本套丛书的出版与珠宝学院的其它工作一样，得到了各界朋友一如既往的热心帮助，得到出版社领导和编辑的通力协作，笔者期望所出版的书籍能够适应读者的需求，能为我国宝石学的发展、珠宝业的繁荣做一点贡献，并以此作为对本套丛书和对珠宝学院关心的各界朋友的谢礼。

袁心强

珠宝学院

1998 年 1 月 24 日

目 录

第一章 导 论 …… (1)
  第一节 4C分级的意义 …… (1)
  第二节 钻石分级的产生 …… (2)
  第三节 国际上较有影响的钻石分级标准和机构 …… (4)
    1. CIBJO钻石分级规则 …… (4)
    2. IDC钻石分级标准 …… (5)
    3. GIA钻石分级体系 …… (5)
    4. RAL——德国的钻石分级标准 …… (6)
    5. Scan.D.N.——斯堪维纳钻石委员会的钻石分级标准
       …… (6)
    6. HRD——比利时钻石高层议会 …… (6)
    7. 国标GB/T-16554-1996——我国的钻石分级标准
       …… (7)

第二章 钻石的颜色分级 …… (11)
  第一节 钻石的颜色与分级 …… (11)
    1. 钻石颜色分级的对象 …… (11)
    2. 钻石的颜色和彩色钻石 …… (11)
    3. 颜色分级及其发展 …… (13)
    4. 各种色级标准的异同和特色 …… (15)
    5. 色级的定义 …… (16)
  第二节 颜色分级的基本条件 …… (17)
    1. 颜色分级的原理和方法 …… (17)
    2. 比色石 …… (19)

I

  3. 对光源的要求 …………………………………… (21)
  4. 对环境的要求 …………………………………… (22)
  5. 对经验的要求 …………………………………… (22)
 第三节 颜色分级的常用工具 ……………………………… (22)
  1. 钻石比色灯 ……………………………………… (22)
  2. 白纸槽 …………………………………………… (23)
  3. 比色板 …………………………………………… (24)
 第四节 颜色分级的实际操作与步骤 …………………… (24)
  1. 比色的准备工作和注意事项 …………………… (25)
  2. 比色的实际操作与步骤 ………………………… (25)
 第五节 颜色分级的常见问题 ……………………………… (27)
  1. 视觉疲劳 ………………………………………… (27)
  2. 颜色深度与比色石相同的钻石的比色 ………… (28)
  3. 大小不一钻石的比色 …………………………… (28)
  4. 花式钻的比色 …………………………………… (28)
  5. 切工欠佳的标准圆钻的比色 …………………… (29)
  6. 带色域钻石的比色 ……………………………… (29)
  7. 含带色内含物钻石的比色 ……………………… (30)
  8. 带杂色调钻石的比色 …………………………… (30)
  9. 不用比色石的比色 ……………………………… (30)
  10. 镶嵌钻石的比色 ………………………………… (31)
 第六节 比色石的选择 ……………………………………… (32)
  1. 比色石需要多少粒 ……………………………… (32)
  2. 比色石需要多大 ………………………………… (34)
  3. 立方氧化锆能否做比色石 ……………………… (34)
 第七节 钻石比色的其它技术 …………………………… (35)
 第八节 钻石的荧光及其分级 …………………………… (37)
第三章 钻石的净度分级 ……………………………………… (39)

第一节 概述 …………………………………… (39)
  1. 净度分级意义 …………………………………… (39)
  2. 净度分级的沿革 …………………………………… (40)
  3. 国际上不同净度分级规则的比较 …………………… (42)
第二节 钻石的内部特征和外部特征 ……………………… (43)
  1. 内部特征 …………………………………… (43)
  2. 外部特征 …………………………………… (46)
  3. 内部特征和外部特征的标记 ……………………… (49)
第三节 内部特征和外部特征的观察 ……………………… (54)
  1. 常用仪器设备 …………………………………… (54)
  2. 仪器的使用 …………………………………… (58)
  3. 内部和外部特征的系统观察 ……………………… (61)
第四节 净度级别及其判定 ……………………………… (64)
  1. 净度级别的划分和说明 …………………………… (64)
  2. 净度级别的判定 …………………………………… (67)
  3. 外部特征的作用 …………………………………… (70)
第五节 净度分级实践中常见的问题 ……………………… (71)
  1. 镊子影像 …………………………………… (71)
  2. 刻面对内含物的映像 ……………………………… (72)
  3. 花式钻石的观察 …………………………………… (72)
  4. 区别内含物和表面灰尘 …………………………… (72)
  5. 处理钻石的净度分级 ……………………………… (73)
第六节 净度级别图版与简要说明 ………………………… (74)

第四章 钻石的切工分级 ……………………………… (85)
第一节 明亮度形成的原理 ……………………………… (85)
  1. 亮光的形成 …………………………………… (85)
  2. 火彩 …………………………………… (88)
  3. 闪烁 …………………………………… (92)

第二节　圆明亮式琢型的比例与评价 …………… (93)
　　1. 圆明亮式琢型 ……………………………… (93)
　　2. 圆明亮式琢型的比例 ……………………… (93)
　　3. 圆明亮式琢型的最佳比例 ………………… (95)
　　4. 比例评价的标准 …………………………… (96)
第三节　确定圆钻比例的方法Ⅰ——目视法 …… (98)
　　1. 台宽比的评定 ……………………………… (98)
　　2. 冠部角的评定 ……………………………… (101)
　　3. 亭深比的评定 ……………………………… (106)
　　4. 腰棱厚度的评定 …………………………… (110)
　　5. 底小面大小的评定 ………………………… (113)
　　6. 小结 ………………………………………… (115)
第四节　圆钻的修饰度及其评价 ………………… (117)
　　1. 重要对称性特征 …………………………… (118)
　　2. 一般对称性特征 …………………………… (120)
　　3. 对称性的评价 ……………………………… (122)
　　4. 抛光及评价 ………………………………… (123)
第五节　确定圆钻比例的方法Ⅱ——实测法 …… (125)
　　1. 钻石比例仪 ………………………………… (125)
　　2. 钻石比例仪的操作与应用 ………………… (125)
　　3. 其它的测量仪器 …………………………… (130)
第六节　花式钻的切工评价 ……………………… (131)
　　1. 花式琢型的类型 …………………………… (132)
　　2. 花式钻的比例及其评价 …………………… (133)
　　3. 花式钻的对称性及其评价 ………………… (136)
　　4. 抛光评价 …………………………………… (140)
　　5. 小结 ………………………………………… (140)

第五章　钻石的克拉重量 ……………………………… (141)

第一节 钻石重量的意义·················(141)
第二节 钻石的称重及法则···············(143)
第三节 钻石重量的估算·················(144)
　1. 钻石尺寸的测量··················(145)
　2. 不同琢型的估重公式··············(147)
　3. 重切钻石的估重··················(149)

第六章 钻石仿制品及其鉴别·············(151)
第一节 钻石仿制品的种类···············(152)
第二节 放大镜下钻石与仿钻的区别·······(154)
　1. 切工特征························(154)
　2. 切磨特点························(156)
　3. 光泽与火彩······················(158)
　4. 刻面棱重影······················(158)
　5. 内含物的特征····················(159)
第三节 鉴别钻石与仿钻的简单测试·······(160)
　1. 透视效应························(160)
　2. 触感和呵气试验··················(160)
　3. 已无实际意义的亲水性试验········(162)
　4. 硬度测试························(162)
第四节 鉴别钻石的常用仪器·············(163)
　1. 钻石热导仪······················(163)
　2. 反射仪··························(165)
第五节 常见仿钻种类的鉴别·············(166)
　1. 合成金红石······················(167)
　2. 人造钛酸锶······················(167)
　3. 合成立方氧化锆和人造钆镓榴石····(167)
　4. 锆石····························(168)
　5. 人造钇铝榴石、合成蓝宝石和合成尖晶石···(168)

V

   6. 铅玻璃 ·· (168)

   7. 合成碳硅石(Synthetic Moisanite) ·············· (169)

第七章　钻石的评估··(170)

  第一节　钻石分级证书··(170)

   1. 钻石分级证书的作用与要求 ·························· (170)

   2. 钻石分级证书的具体内容和格式 ·················· (171)

  第二节　钻石的估价及估价证书···································(177)

   1. 钻石的价格构成 ·· (177)

   2. 钻石的价格资料 ·· (180)

   3. 估价的类型 ·· (181)

   4. 估价证书的内容 ·· (184)

   5. 钻石估价证书的格式 ····································· (185)

  第三节　钻石切工的定量评价······································(186)

   1. 切工定量评价方法 ·· (188)

   2. 切工等级直接评估法 ···································· (192)

参考文献··(193)

第一章 导 论

钻石具有悠久的历史,在距今二千多年以前,即公元前四世纪,印度人就把钻石看作贵重的宝石了。与钻石的历史比较,钻石品质的评定方法,即常言的 4C 分级却是相当的年轻,直到 20 世纪 50 年代,才形成系统的理论和方法。在我国,80 年代以来,钻石 4C 分级也日益为人们所了解。本书详尽介绍了 4C 分级的方方面面,包括 4C 分级的实验方法。

第一节 4C 分级的意义

英文中克拉重量(Carat Weight)、净度(Clarity)、颜色(Colour)和切磨(Cut)都由字母"C"起头,所以简称为 4C。4C 分级就是对钻石的克拉重量、净度、颜色和切工进行优劣美丑贵贱的评定。

钻石具有作为宝石所必须具备的性质:美丽、稀少和耐久。4C 评价也是对钻石所具有的宝石属性的全面评价。重量的大小,即意味着尺寸的大小。尺寸过小的钻石,缺乏作为首饰的价值。只有具有相当尺寸的钻石,才能展现出钻石强烈的亮光和火彩。另一方面,自然界产出的大钻石远比小钻石少得多,因而大又意味着稀少。所以,重量既是展现美质的基础,又是钻石稀有程度的标志。在商贸中,钻石用非常精细的重量单位"克拉"(ct)计价,1 ct 仅为 0.2 g。可以说钻石是体积最小、价值最高的商品。

颜色的好坏,对钻石来说有两个含义。钻石具有多种的颜色,常见的颜色有黄色、褐色和灰色等。在 4C 分级中,好的颜色是指无色,即不带任何色调的无色透明的钻石。另一方面,如果钻石的颜色非常浓郁鲜明,便成为惹人喜爱的彩色钻石。天然产出的彩色钻石,除褐色和黄色外,至少与无色的钻石一样稀有。彩色钻石的颜色,既具有美丽的意义,又具有稀有性的意义。而近于无色的钻石,尤其是高色级的钻石,色级的稀有性的含义大于其对美观的贡献。

净度及其级别用来描述钻石内部及外部所具有的瑕疵程度。一般地说,瑕疵会影响到钻石的美观和耐久性。但这只对低净度级别的钻石才是正确的。对净度级别高的,例如 VS 以上的钻石,所含有的微小的内含物或表面上的疵点,并不影响钻石的美观和耐久性。所以,净度的评价不仅含有对钻石美观程度的评价,而且更重要的是包含着稀有程度比较的意义。

切工的好坏,直接影响钻石的美观。切工评价要涉及钻石的琢型、刻面的分布、刻面大小及相对比例、角度、对称程度、抛光等众多细节,是 4C 分级中最为繁杂的部分,也是现今所有的分级标准中分歧最多的地方。

4C 概念已广为珠宝界所认同和接受,并且形成了以 4C 评价钻石的宝石品质的实用技术,基本上一致的分级标准和较为统一的品质术语,使得一张钻石的 4C 分级证书,在世界各地都可以为专业人员所认识。权威实验室出具的 4C 分级证书还可为世界各国的珠宝界所认可。4C 分级的普遍性使证书成为钻石商贸的重要工具。不带偏向地、客观地评价钻石品质的证书,会加强购买人的信任感,在促进钻石及钻石首饰的销售上起着重要的作用。

概括地说,4C 分级反映钻石的品质和外观,反映钻石的稀有性和价值,是对钻石宝石价值的全面描述。4C 分级还在钻石的商贸中起着重要作用。

第二节 钻石分级的产生

钻石的 4C 分级是本世纪才问世的新技术。在钻石的切磨技术尚未得到发展之前,钻石的品质是根据其形态来确定的。完好的八面体、具有光亮的晶面和完整的面棱及尖端的钻石最为昂贵。在16世纪记载的钻石价格表中，钻石的价格根据形态和重量而定，颜色和净度对价格没有什么影响。

随着钻石切磨技术的发展和钻石来源的增多，对钻石品质的观念也产生了变化。切磨质量逐渐地取代了晶体形态。而且，随着巴西钻石的发现（1724年）和开采，打破了千百年来钻石一直来源于印度的格局。钻石的供应量从原来的每年最多 3×10^4 ct 上升到近 3×10^5 ct。钻石供应量的增加使人们逐渐认识到，无色透明的钻石要比带有浅色、通常是黄色的钻石少得多。内含物少、纯净的钻石也很稀少。而且，内含物还影响钻石的美观。颜色和内含物成为钻石品质的又一指标。在19世纪中叶，人们用 Golcondo、Bagagem、Canavievas、Diamatinas 和 Bahias 等钻石矿山的地名表示钻石的颜色。其中，除了 Golcondo 是印度古代重要的钻石矿山地名外，其余都是巴西钻石矿山的名称。

巴西的钻石在一个半世纪中一直是世界钻石业的支柱。但是，自1867年在南非发现钻石之后，钻石的开采突飞猛进。1880年即达到了年产 3×10^6 ct，二十多年以后，产量又翻了一翻，达到 6×10^6 ct。钻石生产的发展，使人们对钻石有更多的选择，促使钻石品质的评价更趋严格。在大量钻石问世的情况下，详细准确地区别每粒钻石的品质，以确定它的稀有程度与货币价值已成为非常重要的任务。评价钻石品级的用语也发生了变化，形成了现在称之为"旧术语"的分级用语和4C品质概念。例如，颜色等级的术语基本上演变成南非钻石矿山的名称，并按颜色的优劣分成 Jager、River、Top Wesselton、Wesselton、Crystal 和 Cape 等。其中 Jager 派生于南非 Jagersfontein 钻石矿山，用来指带有蓝色调的白钻。Wesselton 是南非的另一个钻石矿山的名称，指略带黄色调的钻石。Cape 即南非好望角省 (The Cape of Good Hope)，该地区产生出的钻石常为浅黄色，所以 Cape 用来指带有明显黄色调的钻石。尽管所用的名词派生于钻石的产地名称，但已经成为描述颜色的专用词，而不再特指某一矿山的钻石了。与此同时，钻石净度、切工的概念也得到了发展。首先在钻石消费量最大的美国，产生了4C概念，并得到了国际上的响应。重量、净度、色级和切工已成为国际通行的概念。20世纪50年代，美国宝石学院提出了现代钻石分级的术语和概念，适应了钻石生产和商贸的国际化。现代术语迅速地取代了"旧术语"。在此基础上，各个机构建立了许多大同小异的钻石4C分级规则或标准。

第三节 国际上较有影响的钻石分级标准和机构

美国宝石学院的钻石分级体系（简称GIA钻石分级体系）、国际金银珠宝联盟的钻石分级规则（简称CIBJO钻石分级规则）、国际钻石委员会的钻石分级标准（简称IDC钻石分级标准）等都是国际上知名的钻石分级标准。除此以外，比利时的钻石高层议会（简称HRD）、德国的国家标准联合委员会、北欧斯堪的纳维亚半岛诸国都有或曾有过独立的钻石分级标准。前不久我国国家技术监督局也颁布了钻石分级标准。这些标准都以4C为基础，在内容和概念上都很接近。

1. CIBJO钻石分级规则

CIBJO是一个国际性组织，成立于1961年，有二十几个国家参加，虽然包括美国、墨西哥和加拿大等美洲国家，但是CIBJO的主要影响在欧洲。1970年又成立了CIBJO钻石专业委员会，并在1974年通过了CIBJO钻石分级规则。经CIBJO认可的珠宝鉴定实验室，必须具备CIBJO所规定的条件，执行CIBJO的钻石分级标准、宝石定名标准和珍珠定名标准。这些标准分别称为钻石手册、宝石手册和珍珠手册。钻石手册在1979年作了重要修改。修改之后的CIBJO钻石颜色色级界限与GIA色级的界限一致。CIBJO钻石分级标准对钻石切工中的圆钻比例不作评价，并认为不同比例的组合同样可以产生很好的效果。对比例特别不好的情况，则在备注中说明，例如

"鱼眼石"的情况。表1-1是根据CIBJO钻石手册1991年版本的内容整理而成。

2. IDC 钻石分级标准

国际钻石委员会（IDC）是世界钻石交易所联盟（WFDB）和国际钻石制造商协会（IDMA）于1975年成立的联合委员会。成立这一联合委员会的目的是要为钻石商贸制定一个在国际上普遍适用的钻石品质评价的统一标准，并且在全世界保障这套标准的实施。为了达到这一目的，国际钻石委员会与比利时钻石高层议会，在CIBJO钻石专业委员会的参与下，于1979年提出了"国际钻石分级标准"。该标准与其它的钻石分级标准基本一致，最为显著的特点是5微米规则和外部特征在净度级别评价中的作用。5微米规则的核心是用标准样品来界定IF与VVS两个净度级别。对IF级的钻石，即可视为无内含物的钻石，其外部特征不再影响净度级别，而只是在备注中描述或记录所存在的外部特征。但是，同样的外部特征，却可能把从内含物上看属于VVS级的钻石，下降为VS，甚至SI级。

目前，执行IDC钻石分级标准的主要实验室有，位于德国宝石城（Idar-Oberstein）的钻石与宝石检测实验室，在以色列Telaviv城的以色列国家宝石研究所，南非珠宝首饰委员会设在Johannesburg的钻石鉴定实验室，位于比利时Antwep的钻石高层议会的钻石鉴定实验室等。国际钻石委员会非常致力于推行IDC标准，积极进行钻石分级的各种研究，并根据实际情况修改标准。表1-1根据1979年的版本，概要列出该标准的内容。

3. GIA 钻石分级体系

美国宝石学院（GIA）是最早系统地提出4C概念、建立钻石4C分级规则的机构。GIA在20世纪30年代就提出了4C分级规则，在这一规则中，钻石的颜色级别是用钻石产地的地名来命名的。50年代，修改了原有的术语，改用字母，依次从D到Z表示颜色由浅到深的级别，把色级划分成了23个级别，取代了原来的旧术语和色级划分。旧的颜色分级规则，成为欧洲国家的钻石颜色分级规则的原型，现行的一些标准，例如 CIBJO 标准、IDC 标准等，都是在这一原型上改进和发展起来的。在净度分级上，规定了每一净度级别的定义，并把净度划分成 11 个级别，比欧洲的级别详细，且把在其它钻石分级规则中认为是外部特征的部分现象或缺陷，作为内含物看待，从而在净度级别的评定中考虑了这些特征的作用。尤其是对 FL 净度级别的评判中，外部特征起非常重要的作用。在切工分级方面，以美国理想圆钻为基础，对标准圆钻型切工的比例进行测量，并提出了系统的评价优劣的观念和方法。不过，GIA 的宝石贸易实验室在切工分级时，只测量出圆钻的比例，不作等级和优劣的评价。表 1-1 列出了 GIA 钻石分级体系的主要内容。

4. RAL——德国的钻石分级标准

德国国家标准联合委员会在 1935 年颁布的交易与保险的质量术语规范（RAL）首次对钻石的术语作了规定，但是到 1963 年的第五版（RAL560A5）才对这些术语作了定义。1970 年以补充条款（RAL560A5E）的形式，加入了钻石切工评价的内容。该标准的主要内容也列于表 1-1 中。

5. Scan. D. N. ——斯堪的纳维亚钻石委员会的钻石分级标准

包括了丹麦、芬兰、挪威和瑞典等 4 个北欧国家的斯堪的纳维亚钻石委员会于 1969 年通过了一项钻石分级标准，称为"斯堪的纳维亚钻石命名规则"，通常简写成 Scan. D. N. (Scandinavian Diamond Nameclature)。1980 年又更新了原有版本。新版本对钻石分级的方法作了很好的阐述。该标准的颜色分级与净度分级与 GIA 标准比较接近，其差异只在详略上有些区别。在切工评价上，以 Scandinavian 标准圆钻为依据。Scan. D. N. 是欧洲问世最早的系统的钻石分级标准，对欧洲各国的钻石分级标准的建立和改进起到了促进作用。

6. HRD——比利时钻石高层议会

比利时钻石高层议会是代表比利时钻石工商业的非营利性机

构。在钻石的加工技术、商业贸易、钻石鉴定分级、人才培训等方面提供服务，并且开展国际交流，在国际上也颇有知名度。在钻石分级方面，HRD 有独特的地方，尤其是在净度分级上，强调定量性。但是，自从与国际钻石委员会共同起草了"国际钻石分级标准"之后，就采用了 IDC 标准。IDC 标准净度分级与国际上其它分级标准的方法基本一致，不强调对净度特征的定量测量。HRD 的宝石学院在钻石分级的教学上，仍保留了净度定量分级的特有理论和方法。这些内容将在以下相应的章节中介绍。

7. 国标 GB/T 16554－2003——我国的钻石分级标准

我国的钻石分级标准是由国家技术监督局于 2003 年 7 月 1 日发布、2003 年 11 月 1 日实施的国家标准。该标准与国际上的钻石分级标准接近。从总体上看与 IDC 标准最为接近，但是部分的具体内容又接近于 GIA 标准。在技术条件的要求上，比国际上的标准要宽松一些，以适应我国现有的情况。与国外的钻石分级标准最大的不同之处是，对镶嵌钻石建立了简略分级标准。我国钻石分级标准的主要内容也汇总于表 1-1 中。

表 1-1 各种钻石分级标准一览表

	颜 色	净 度	切 工	说 明
GIA	D E F G H I—J K—L N—Z 彩钻	用十倍放大镜分成： FL IF VVS_{1+2} VS_{1+2} SI_{1+2} P_1 P_2 P_3	比例：只测量，不评价 标准琢型：Tolkowsky 圆钻 修饰＝对称性＋抛光 并分别评价 对称性：特优、优、好、中、差 抛光：特优、优、好、中、差	外部特征影响净度，切工中不含外部特征

续表 1-1

	颜　　色	净　度	切　工	说　明
HRD	Exceptional White$^+$　D Exceptional White　E Rare White$^+$　　F Rare White　　　G White　　　　　H Slightly Tinted 　White　　　I—J Tinted White　K—J Tinted Colour 1 　　　　　　M—N Tinted Colour 2 　　　　　　O—P Tinted Colour 3 　　　　　　Q—R Tinted Colour 4 　　　　　　S—Z 彩钻	用带标尺显微镜放大10倍测量内含物的大小，分成： IF VVS$_{1+2}$ VS$_{1+2}$ SI$_{1+2}$ P$_1$ P$_2$ P$_3$	比例标准 台面大小：56%—66% 冠部高度：11%—15% 亭部深度：41%—45% 腰棱厚度：薄—中 底尖大小：小于1.9% 根据偏离程度评价： 不偏移：优 小于2%：好 大于3%：出乎寻常 修饰＝对称性，分成： 优、好、中、差	外部特征影响净度，抛光痕也影响净度
RAL560A 5E(1970)	Blau Weiss　　D—E Feincs Weiss　F—G Weiss　　　　　H Schwach Getontes 　Weiss　　　I—J Getontes Weiss K—L Schwach Gelblich 　　　　　　M—N Gelblich　　　O—P Gelb　　　　S—Z	用十倍放大镜分成： IF VVS VS SI P$_1$ P$_2$ P$_3$	比例标准 台面大小：52%—64% 冠部高度：12%—18% 亭部深度：42%—45% 腰棱厚度：3% 根据偏移程度评价： 不偏离：优 偏离5%：好 偏离10%：中 偏离大于10%：差 修饰＝对称性＋外部 　　　缺陷＋抛光， 综合评价并分成： 优、好、中、差	净度仅由内含物决定，外部特征不影响净度，但在修饰中评价

续表 1-1

	颜　　色	净　度	切　　工	说　明
IDC(1979)	Exceptional White⁺ D Exceptional White　E Rare White⁺　　　F Rare White　　　　G White　　　　　　H Slightly Tinted 　White　　　　I—J Tinted White　　K—L Tinted Colour 1 　　　　　　　M—N Tinted Colour 2 　　　　　　　O—P Tinted Colour 3 　　　　　　　Q—R Tinted Colour 4 　　　　　　　S—Z	用十倍放大镜分成： LC VVS$_{1+2}$ VS$_{1+2}$ SI 根据偏离的程度分成： P$_1$ P$_2$ P$_3$	比例： 台面大小：56%—66% 冠部高度：11%—15% 亭部深度：41%—45% 腰棱厚度：薄—中 底尖大小：小于1.9% 根据偏离的程度分成： 优、好、中、差 修饰＝对称性＋抛光，分别评价： 对称性：优、好、中、差 抛光：优、好、中、差	除了放大镜下洁净(LC)以外，外部缺陷影响净度。对LC级别，外部缺陷应在备注中描述，并且在切工中进行评价。VVS与LC的区别应用5微米规则
Scan. D. N.(1980)	Rarest White　D—E Rare White　　F—G White　　　　　　H Slightly Tinted 　White　　　　I—J Tinted White　　K—L Slightly Yellowish M Yellowish Yellow　Z	用十倍放大镜分成： FL IF VVS$_{1+2}$ VS$_{1+2}$ SI$_{1+2}$ P$_1$ P$_2$ P$_3$	比例标准： 台面大小：52%—65% 冠部高度：11%—17% 亭部深度：42%—45% 腰棱厚度：很薄—中 底尖大小：点状—中 标准以内：好 偏离标准：中—差 修饰＝对称性＋抛光 依据对亮度的影响分别评价： 对称性：优、好、中、差 抛光：优、好、中、差	外部特征影响净度。放大镜下洁净级要用显微镜鉴定

续表 1-1

	颜　色		净　度	切　工	说　明
CIBJO (1991)	Exceptional White$^+$	D	用十倍放大镜分成： LC VVS$_{1+2}$ VS$_{1+2}$ SI$_{1+2}$ P$_1$ P$_2$ P$_3$	比例：一般不评价，特差比例在备注中描述 修饰＝对称性＋抛光，分别评价： 对称性：优、好、中、差 抛光：优、好、中、差	除大的外部缺陷外，外部特征不影响净度。从冠部一侧可见的外部特征在备注中描述
	Exceptional White	E			
	Rare White$^+$	F			
	Rare White	G			
	White	H			
	Slightly Tinted White	I—J			
	Tinted White	K—L			
	Tinted Colour	M—Z			
GB/T 16554 (2003)	D	100	用十倍放大镜分成： 镜下无瑕 (LC) 极微瑕 (VVS$_{1+2}$) 微瑕 (VS$_{1+2}$) 瑕疵(SI$_{1+2}$) 重瑕 (P$_{1+2+3}$)	比例标准： 台宽比：53%—66% 冠高比：11%—66% 亭深比：41.5%—45% 腰厚比：2%—4.5% 底尖比：<2% 全深比：56%—63.5% 根据偏移程度分成： 很好、好、一般 修饰度：根据抛光和部分对称性特征综合评价，分成：很好、好、一般	净度级别由瑕疵的大小决定，瑕疵包括内部瑕疵和外部瑕疵。颜色色级的2种术语都同时有效
	E	99			
	F	98			
	G	97			
	H	96			
	I	95			
	J	94			
	K	93			
	L	92			
	M	91			
	N	90			
	<N	<90			

第二章 钻石的颜色分级

第一节 钻石的颜色与分级

1. 钻石颜色分级的对象

钻石有各种各样的颜色,而且颜色的浓度变化也很大,从浅淡的色调到浓郁的色彩都可能出现。大多数的钻石只带有很浅的色调,接近于无色,如果不特别指出,往往不会引起注意。所以,在大众的眼里,钻石是无色透明、晶莹剔透的宝石。但是,专业人员却要识别出这种浅淡的颜色,而且还要区分出不同钻石之间存在的颜色深浅的微小差异,这就是所谓的颜色分级。

宝石级钻石中,带有黄色色调的最多,这类钻石也被称为黄色系列或开普系列(Cape Series)的钻石,是颜色分级的主要对象。但是,在钻石商贸中,除了黄色系列的钻石以外,还有带褐色、灰色、甚至绿色等色调的钻石,对此也要求进行颜色分级。只要采取合适的方法,对这类钻石的颜色是可以进行分级的。所以,概括地说,所有浅色的、近于无色的钻石,都是颜色分级的对象。

2. 钻石的颜色和彩色钻石

钻石的颜色是由于钻石对可见光具有选择性吸收所引起的。如果白光中的蓝色光成分被吸收,就会呈现出黄色,即所谓的补色原理。钻石中最常见的、含量也较多的杂质元素氮就会引起钻石对蓝光和紫光的吸收作用,使钻石带有黄色色调。氮的含量越多,对蓝紫光的吸收越强,钻石的黄色色调也越深。天然产出的不含氮的钻石非常少,因而不带黄色色调的钻石也较少。此外,除了氮元素,其它的化学元素,如硼、锰等也会存在于钻石中,导致产生其它的颜色。除了杂质元素可能导致产生颜色以外，在非常高压力情况下 (4×10^9—5×10^9 Pa)形成的钻石，会带有许多晶体结构上的缺陷,这些缺陷会吸收某些波长的可见光，也会使钻石带色。另外一种情况是在钻石形成之后，在漫长的地质年代中，由于周围环境中的放射性元素的辐射，使钻石的晶体结构产生损伤，也会产生颜色。所以，可能使钻石产生颜色的原因很多。从理论上讲，无色的钻石要比带有色调的钻石更为稀少。在实际的钻石商贸中，也的确如此。所以，对钻石的颜色进行分级，在很大程度上受到稀有性的影响。颜色越是浅淡，越是接近无色，钻石的价值越高。

随着钻石所带的色调加深，商业价值也就下降，但这一趋势并非一成不变。当钻石的色调加深到一定的程度，变得醒目而鲜艳时，就成为相当吸引人的宝石，被称为彩色钻石。彩色钻石不仅色彩艳丽，而且也相当稀少，具有很高的商业价值。1987 年 4 月 28 日，在纽约的一次 Christie 宝石拍卖中，一颗重量不到 1 ct (0.95 ct) 略带紫色的红色钻石，以高达 88 万美元的价格成交，创造了珠宝业最高的克拉价格。彩色钻石的稀有程度依次为：红色、绿色、蓝色、紫红色、粉红色、褐色和黄色。

彩色钻石的颜色评价是一项复杂的工作，需要特殊的技术设备。由于人工辐照使钻石致色的技术已相当成功，并有不少人工处理的彩色钻石上市。所以，彩钻颜色评价的最重要工作之一是判别钻石颜色的成因。另一项重要的工作是确定颜色的色度学参数。这些内容都不在 4C 分级的范围内。

与 4C 评价有关联的是确定彩钻与带色调钻石的界限。在 GIA 钻石分级标准中，设定有一粒代表黄色彩钻与带黄色调钻石分界的标准样石，即色级为 Z 的比色石。其它的钻石分级标准中一般没有相应的规定。在实践中，准确确定这一界限比较困难。因为不同颜色的稀有程度不一，Z 比色石可以作为确定黄色彩钻的界限，但不一定适用于其它颜色，如蓝色的彩钻。再者，颜色的认同性还受到市场流行风潮的影响，受到买卖双方当事人对该颜色的喜好态度的影响。

3. 颜色分级及其发展

颜色深浅是近于无色系列钻石的一项品质指标。颜色一方面可以影响到钻石的外观，尤其是颜色比较深的情况，浅黄、浅褐、浅灰或其它浅色调往往不为人们所喜好。另一方面，如前面所强调过的，颜色还可反映稀有程度。愈是无色的钻石愈是稀有，尽管在很接近于无色的钻石之间的色调差异对钻石的外观已经没有实际的影响，但是仍然被划分成不同的级别，并且在价格上的差异较带有较深色调的钻石更大。举例来说，在其它质量相同的条件下，最高色级与次高色级（例如 D 与 E）的钻石在价格上的差异可达 50%，而较低色级两相邻的色级间（例如 I 和 J）的价格差异仅 10%—15%。价值上的巨大差异，使得对钻石的颜色进行详尽准确的分级更为必要。

对钻石色级进行系统地评价开始于 19 世纪中叶。此时，巴西的钻矿是世界钻石的主要来源。早先评定色级所用的术语直接地反映了这种情况：Golcondo 代表颜色最好的钻石，其后依次为 Bagagem、Canavieras、Diamantinas 和 Bahias。其中，除了 Golcondo 是印度古代一个产钻石的王国的名称外（巴西钻石在发现初期，被认为是次于印度的钻石，并迫使葡萄牙商人把巴西的钻石先运到印度，再从印度运回到欧洲，以充印度的钻石），其它的都是巴西钻石矿山的地名。19 世纪末，随着南非钻石的发现和大量开采，其产量远远地超过了巴西，色级的用语也随之发生了变化。在 20 世纪 30 年代形成了新的流行于钻石贸易中的国际性术语：Jager、River、Top Wesselton、Wesselton、Top Crystal、Crystal、Top Cape 和 Cape（表 2-1）。这些术语中，Jager 形容蓝白色钻石，因南非 Jagerfontein 钻矿得名，其产出的钻石带有蓝白的色调，代表当时的最好颜色。River 是由于次生矿床中产出的钻石，带色调的相对稀少，用于表示无色

表 2-1 传统的色级术语及意义

旧色级术语	含 义	备 注
Jager	优等的蓝白色	矿山名,产很多高色级的钻石
River	蓝白色	砂矿产的钻石,质量往往较好
Top Wesselton Wesselton	上白色 白色	Wesselton 矿山的钻石比周围矿山产的质量更好
Top Crystal Crystal	很淡的黄白色 淡黄白色	由水晶玻璃派生过来的术语,指带有很浅色调的白色钻石
Top Cape Cape	微黄白色 浅黄白色	南非地名,即好望角省,该地产的钻石比印度、巴西的钻石更黄
Light Yellow Yellow	浅黄色 黄色	

的钻石。Wesselten 亦得名于南非一个原生钻矿。只有 Crystal,真正来源于对颜色的描述,由英国产的 Crystal Glass(水晶玻璃)演变而来。因为当时生产这种玻璃所用的工艺使水晶玻璃总带有一定的黄色调。Cape 是 Cape of Good Hope 的简称,也是南非的地名,该区找到的钻石比较黄。这些术语虽然与矿产地有关,但是作为专门描述钻石颜色的术语,已不含产地的意义了。

数十年后,即 20 世纪 50 年代,美国宝石学院对钻石的色级作了划分,并采用了新的术语,把颜色从无色到浅黄色分成了 23 个级别,并分别用英文字母 D 到 Z ——给予标定。由于美国在二战后成为世界最大的钻石市场,也由于美国宝石学院的努力推广,世界上最大的钻石垄断集团,戴比尔斯矿业有限公司(D.Beers)的中央统售机构(CSO),采用了美国宝石学院的钻石分级标准,使该颜色分级方法在钻石业界广为流传。

在欧洲,70 年代前后,对钻石的 4C 分级的研究和标准的设立也有了新的进展。1963 年德国对钻石分级术语作了定义,1969 年

Scan.D.N.问世；1970年德国又对钻石分级补充了切工分级的部分内容；1974年CIBJO钻石分级标准出台。在颜色分级方面，欧洲诸国的色级保留了较多的传统色级体系的内容，只对以地名为主的旧术语进行了更新，采用了更便于理解的术语——对颜色的描述，如Exceptional White（特别白）等，以作为色级的术语，同时基本上保留了传统色级的划分方法，只作了少量的修改。表2-2列出了各种标准的色级用语及相互之间的关系，也包括我国最近颁布的钻石分级标准。

带有产地色彩的旧术语被更新的主要原因，是由于20世纪初中叶在非洲诸国、前苏联的钻石矿藏纷纷被发现和开采，南非不再是世界钻石的唯一来源，南非钻石产量下降到世界总产量的30%以下。钻石来源的多样化，导致了实际上并不陈旧的旧术语被淘汰。色级术语的变更是由于钻石来源多样化所引起，并不是对色级本身的修改。从表2-2中可以看出，目前在钻石商贸中实际应用的各种钻石色级，除了术语与详略有不大的区别之外，不存在本质的区别，色级的界限完全一致。所以，色级是钻石4C分级中最为一致的一项指标。

4. 各种色级标准的异同和特色

表2-2所列的各种色级标准已没有本质的区别。原来欧洲的色级与GIA色级不一致，1978年CIBJO修改了原色级，使之与GIA色级一致。欧洲的色级使用描述性的术语，其含义与颜色现象接近，易于为不具专业知识的顾客所了解，而GIA的色级术语虽比较抽象，但非常简练。我国的标准则规定了2种同样有效的色级术语。

GIBJO和IDC标准对0.47ct以下的钻石不细分EW^+和RW^+，Scan.D.N.标准对0.47ct以下的钻石采用简化色级，我国的标准适用于0.2ct及以上的钻石，而GIA标准则没有对被分级钻石的大小或重量做相应的规定。

表2-2 钻石的色级一览表

美国宝石学院(GIA)	国际金银珠宝联盟(1991) GIBJO	国际钻石委员会(1979) IDC	德国钻石术语(1970) RAL560A5E	斯堪维纳钻石命名(1980) Scan. D. N.	我国钻石分级标准(2003)		旧术语
D	Exceptional White+	Exceptional White+	Blauweiss	Rarest White	D	100	River
E	Exceptional White	Exceptional White			E	99	
F	Rare White+	Rare White+	Feines Weiss	Rare White	F	98	Top Wesselton
G	Rare White	Rare White			G	97	
H	White	White	Weiss	White	H	96	Wesselton
I	Slightly Tinted White	Slightly Tinted White	Schwach Getontes Weiss	Slightly Tintd White	I	95	Top Crystal
J					J	94	
K	Tinted White	Tinted White	Getonted Weiss	Tinted White	K	93	Crystal
L				Slightly Yellowish	L	92	
M	Tinted Colour 1	Tinted Colour 1	Schwach Gelblich	Yellowish	M	91	Top Cape
N					N	90	
O	Tinted Colour 2	Tinted Colour 2	Gelblich	Light Yellow	<N	<90	Cape
P							Yellowish
Q	Tinted Colour 3	Tinted Colour 3	Schwach Gelb	Yellowish			Light Yellow
R							
S—Z	Tinted Colour 4	Tinted Colour 4	Gelb	Yellow			Yellow

①CIBJO 和 IDC 标准规定,小于 0.47 ct 的钻石,不细分 EW+ 和 RW+;
②Scan. D. N. 对小于 0.47 ct 的钻石采用简化色级;
③我国的钻石分级标准规定,适用 0.20 ct 及以上的钻石(裸钻)。颜色分级中的 2 种色级命名都有效

5. 色级的定义

色级是根据已切磨钻石所带有的颜色深浅程度人为地划分出一

系列的界线而形成的，这使得原本连续变化的钻石的颜色浓度被分割成为阶梯状的色级，每一色级代表一定的颜色浓度区间，而且色级越高，浓度区间越小，色级越低，浓度区间也相对较大。不同色级的钻石，其颜色的明显性不同。但是，对钻石颜色的识别受到许多因素的影响。首先是观察者的经验，经过系统训练的分级师和一般大众对钻石颜色的识别能力大不一样。其次是钻石颜色的色调，如果颜色的浓度一样，褐色、红色、绿色等要比黄色更易于识别。此外，观察颜色的方向、钻石的大小对颜色的识别也有很大的影响。因而对钻石色级的定义或解释，必须考虑到这些影响因素，使之成为对实际应用能起到指导作用的概念。

表 2-3 列出了不同色级钻石颜色的可见情况，其中强调了观察者的素质，观察的方向和钻石的大小。但是，即使满足了上述条件，也很难根据定义来确定待测钻石的色级，比如区别出色级为 E 与 G 的钻石。钻石色级的评定，必须有一定的技术条件，尤其是比色石。

第二节 颜色分级的基本条件

1. 颜色分级的原理和方法

钻石的颜色分级是以目视比较为基础的。正常的视力能够分辨非常微小的颜色差异，甚至比精密的仪器还要灵敏。虽然，有不少人致力于所谓的客观的颜色分级，使用光电仪器来确定钻石的色级，以排除目视比较法可能存在的主观因素，而且这一技术也得到了很大的发展，但是，所有的钻石分级标准，包括我国最近颁布的钻石分级标准，目前仍然只承认传统的、利用比色石的目视分级方法，通过比较待分级的钻石样品与标准样品——比色石的颜色深度的接近程度来确定钻石的色级。目前，这种传统的方法仍然最为可靠。经过严格训练的分级师，能够对分级中所遇到的各种问题（详见本章第五节）进行综合分析，并借助于比色石，准确确定出钻石样品所

表 2-3 钻石色级的定义

GIA	IDC/CIBJO	我国色级		定义和说明	
D	Exceptional White+	D	100	训练有素的专业人员从冠部正面观察无色	训练有素的专业人员从亭部侧面观察无色
E	Exceptional White	E	99		
F	Rare White+	F	98		
G	Rare White	G	97		
H	White	H	96		显淡至浅黄色
I	Slightly Tinted White	I	95	0.20 ct 以上显淡黄色	
J		J	94		
K	Tinted White	K	93		明显带色
L		L	92		
M	Tinted Colour 1	M	91	浅黄色	
N		N	90		
O	Tinted Colour 2	<N	<90		
P					
Q	Tinted Colour 3				
R					
S	Tinted Colour 4				明显的黄色
T					
U					
V					
W					
X					
Y					
Z					

属的色级。为了避免出现主观性的错误，许多实验室都采用多人重复评价的方法来保证结论的客观性。依据这一方法，比色石是颜色分级必不可少的条件。此外，比色时的环境、光照条件等也会影响到分级结果。

2. 比色石

比色石（Colour Master Stone）要达到下列的要求：

①比色石不得带有除黄色以外的色调。

②比色石不得含带有颜色的及肉眼易见的内含物，其净度等级应在 SI_1 以上。

③比色石的琢型必须是切工良好的标准圆钻型。

④比色石要大小均一，同一套比色石的重量差异不得大于 0.10 ct。比色石重量不应小于 0.25 ct。

⑤比色石不得有强荧光反应。

⑥比色石必须进行严格的色度标定，并位于所要求的色级界限上或某种统一的位置上。

比色石若不满足上述要求，就会产生各种问题。如果某颗比色石带有其它的色调，如褐色，那么这颗比色石看上去就比其它的比色石醒目，颜色显得更深，深于色级比它低的比色石，这会在实际的色级判定中产生极度的困扰，难以判定色级与之相近的钻石的色级。带色的内含物有可能对钻石的颜色产生影响，从而出现刚才提到的情况。如果内含物比较大，肉眼可见，则会对光线产生散射，或者阻碍光线的通过，这样一方面可能影响比色石的透明度，另一方面也会在比色时干扰视线，影响对色级的判断。切工不好的比色石，也会出现一些问题。过深的亭部要比正常的亭部显得色深，过浅的亭部又会显得色浅。比色石的腰棱要薄且光滑，厚的腰棱会逸失光线，使之显得色深，不光滑的腰棱易于沉积灰尘，改变比色石的颜色。比色石的大小，要根据实际工作的需要选择，比色石与待测钻石的大小越接近，比色也越容易。另一方面，比色石越大，其价格越昂贵。从经济角度，比色石可以比经常遇到的钻石小一些。荧光可能会改变钻石的色级，如果比色石的荧光过强，很容易因不同光源的紫外线强度不同，而使比色石的颜色改变，影响分级。

标定比色石的色级最为重要。一套合格的比色石，必须保证每一比色石在其所代表的色级中的位置一致，比如所有的比色石都处于每一色级的上限或者下限。如图2-1所描述，不同的钻石分级标准，对比色石的色级位置的规定不同。GIA钻石分级标准要求比色石为每一色级的上限，比色石从E开始。CIBJO规则则规定比色石为每一色级的下限，比色石从EW^+（D）开始。我国的钻石分级标准虽然没有明确指出比色石应处的位置，但实际上采用与CIBJO规则相同、位于色级下限的比色石。

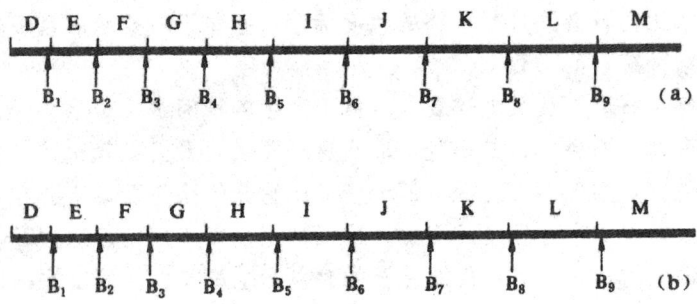

图2-1 比色石在色级中的位置示意图
(a) 位于色级下限的比色石系列（CIBJO比色石）；
(b) 位于色级上限的比色石系列（GIA比色石）

不同的比色石系列，使用时要注意其不同的色级判别规则，当确定待测钻石的颜色深度介于两相邻的比色石之间时：

①位于色级上限的比色石，被测钻石与其左边，即色级较高的

比色石同一色级。

②位于色级下限的比色石，被测钻石与其右边，即色级较低的比色石同一色级。

采用上限比色石的原因是，其最高色级为E，要比最高色级为D的下限比色石更为经济。

3. 对光源的要求

钻石在不同的光源下观察会有不同的色调，在白炽灯下钻石看上去偏黄，在日光下钻石看上去较白。传统上，钻石的颜色在日光下观察。在认识到日光中的紫外线会激发钻石的荧光后，就避免采用直射的日光，而采用紫外光弱的散射日光，即来自北方的光线。钻石交易所的交易厅都有朝向北方的大窗户，就是利用这种散射日光。但是，自然日光并不是稳定的光源，会随着太阳的升起和落下、天气和季节的变化而变化。而人工模拟光源比自然日光更为优越，可以不受时间、地点、季节和气候的影响。

钻石分级用的人工光源多模拟散射日光。不同的钻石分级标准对人工光源的要求也不一致。例如，GIA、CIBJO 和 Scan. D. N. 等规定用色温为 5 000—5 500 K 的日光灯，IDC 标准则规定用 6 500 K 色温的日光灯。较低的色温相当于上午的散射日光，而较高的色温则对应于中午、阳光更强烈时的散射日光。

人工光源还必须满足没有紫外光，或者紫外光的强度不应高于散射日光中的紫外光强度的条件。同时，光源的能量分布要连续或比较连续。

光源的色温对颜色分级的影响并不是重要的因素。经验表明，在更低的色温下，甚至低至 3 200 K，由于其含有更多的红光和黄光，可以提高黄色的对比度，在这种光源下分级会更容易。强调分级的光源要具有一致的色温的目的，只是为了增加不同实验室之间分级条件的一致性。

4. 对环境的要求

钻石颜色分级的环境，如实验室墙壁、地板、天花板、工作人员的衣着、使用工具等的颜色，以及通过窗户入射的光线、实验室中其它的灯光等，都会由于钻石对光线的反射而影响钻石的颜色分级，甚至导致错误结论。所以，颜色分级要求在不显示颜色的环境中进行。要求环境只能具有白色（对白光的完全反射）或者黑色（对白光的完全吸收）或者灰色（对白光同一程度的均匀吸收）等颜色。实验室还应避免杂光的照射，要排除除分级用光源外的其它光线。暗室或半暗的实验室是理想的分级环境。此外，还可以使用一些特殊的工具以减少环境因素的影响，包括肤色的影响。例如分级专用的白纸槽、专用的白色塑料比色板和比色槽以及与环境隔离的比色灯等。

5. 对经验的要求

经验也是颜色分级必不可少的基本条件。未经专门训练的人员，很难识别钻石颜色的微小差别，也不会考虑在颜色分级中要加以注意的事项，更不会排除分级中遇到的问题。只有经过系统的训练，对颜色分级不仅具有实践经验，而且还要有对4C分级的全面认识，才有可能具备准确判定钻石色级的能力。

第三节 颜色分级的常用工具

钻石颜色分级可以简单地在普通的日光灯下，把比色石和待分级钻石放置在用厚白纸折成的V形槽内，观察比较，定出色级。在专业化的钻石分级中，有专用的工具，可以使比色工作更易于进行。

1. 钻石比色灯

钻石比色灯，首先在光源性质上要符合前面阐述的条件，即色温在5 000—7 000 K、"无"紫外光的荧光灯。荧光灯的发热量小，光线均匀柔和，比白炽灯更适合于钻石的颜色分级。其次，比色灯的颜色也要满足中性颜色的条件，除了白色、黑色或灰色外，不可带有其它的颜色。

比色灯的功率,在暗室或半暗的环境下,一根 8 W 的灯管就够了。

比色灯有不同的类型(图 2-2),专用的比色灯除了比色外,不便于作其它用途,如 GIA 的钻石灯〔图 2-2(a)〕。有些类型的比色灯,除了可作比色外,还可用于净度分级,如图 2-2(b)所示的德国产钻石灯。这种类型的钻石灯,比专用比色灯要简单。比色灯上往往还装有长波紫外灯,用来检查钻石的荧光。

有些比色灯,还要有低倍大直径的放大镜〔图 2-2(b)〕,放大倍数为 2—3 倍。在放大条件下,更有利于颜色的识别与对比。

GIA 比色灯〔图 2-2(a)〕开有透射光窗口,用于带杂色调钻石的颜色分级更为方便。

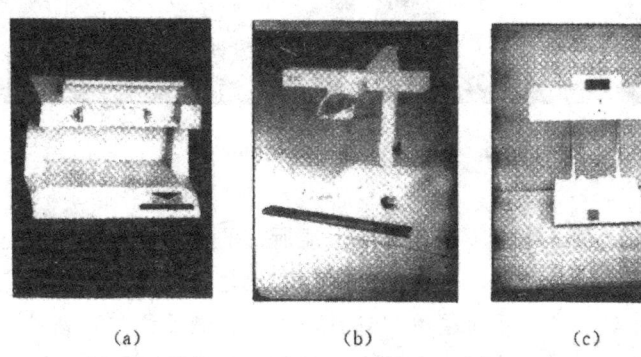

(a)　　　　　　　(b)　　　　　　　(c)

图 2-2　不同类型的比色灯(钻石灯)

(a) GIA 比色灯;(b) 可用于净度分级并带有低倍放大镜的钻石灯;
(c) 笔者制作的带有长波紫外灯的钻石灯

2. 白纸槽

白纸槽是最简便易得的工具,既起容器的作用,又提供白色的背景,同时还可排除环境的杂光影响。把一张名片大小的厚白纸,折成 V 字形,即可使用。专用的白纸槽,除了纯正白色外,通常还没有荧光。目前国际上有许多厂商生产这种用具（图2-3）。

3. 比色板

比色板和白纸槽一样是用来作比色的容器和背景的。比色板以白色无荧光的塑料为基底，上面开有大小及角度不同的V形槽（图2-4）。与白纸槽相比，比色板的使用寿命更长。比色板应经常用酒精或洗涤剂擦洗，保持清洁和纯正的白色。比色板也是便于携带的工具。

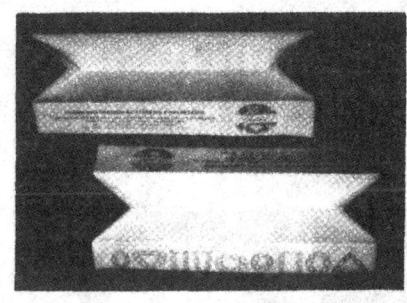
图2-3 白纸槽

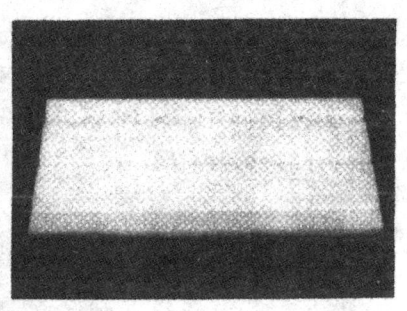
图2-4 比色板

钻石的颜色分级并不一定需要上述所有的器具。最简单地，只须一盏合适的比色用灯、一张白纸和一套比色石即可。尤其是专门的比色灯并非必须。相对简单的灯具，不仅在做比色时有更多的灵活性，例如对背景的选择，而且还可以用来作净度分级的照明和一般的照明，也可以节约购置仪器的费用和实验室的空间。

第四节 颜色分级的实际操作与步骤

颜色分级的原理就是目视比较待定钻石与已知色级的比色石的颜色深度。方法虽非常简单，但是，依循一定的操作规则，仍是正确比色的基本保证。

1. 比色的准备工作和注意事项

下列的操作要点虽然与比色没有直接的联系,但也十分重要,必须加以注意和遵循。

(1) 不可用手直接持拿钻石或比色石,以避免手上的油脂污染钻石或比色石。在移动或摆放钻石和比色石时,都要使用镊子,同时也要保持镊子的清洁(钻石清洗的方法参见净度分级的有关部分)。

(2) 待比色的钻石,在比色之前要清洗,避免因污染造成错误分级。比色石也要定期清洗,并要注意腰棱的清洗。

(3) 待比色钻石,在比色之前要进行观察和记录,测量出钻石的大小和重量,描述内含物和其它净度特征。比色完毕后,再加以检查,以证实其为原来的样品,以免与比色石弄混。比色石与待比色钻石混淆,在同时比较多粒钻石时最易于发生,这种操作要加以禁止,或采取特别的防范措施。比色石的证书须妥善保存,一旦产生怀疑,要根据比色石证书来确认比色石。

2. 比色的实际操作与步骤

(1) 将分级用白纸折成 V 形槽,或者用比色板把比色石按色级从高到低(从无色到带色)的顺序,从左到右、台面朝下依次排列在 V 形槽内。比色石之间相互间隔 1—2 cm,不要靠得太近,以免颜色相互影响。

(2) 把排列好的比色石放到比色灯下,与比色灯管距离 10—20 cm,视线平行比色石的腰棱(或者垂直比色石的亭部)观察比色石,识别颜色由浅至深的变化,同时注意比色石颜色集中部位。圆钻石底尖、腰棱的两侧都是颜色集中的位置(图 2-5)。钻石颜色的明显程度还与观察视线的方向有关。平行腰棱的视线,会看到更多的颜色集中区,而垂直亭部的视线,看到的颜色集中区较小,这时以亭部中央不带反光的透明区域作为比色部位(图 2-6)。

(3) 把待分级的钻石放在两颗比色石(比如 E 和 G)之间,并与左右两边的比色石进行比较，如果待测钻石的颜色不仅比左边的比色石深，而且也比右边的色级较低的比色石深，则把钻石向右（向下）移动一格，放到 F 和 G 之间，再进行比较，直到待测钻石的颜色比左边的比色石深，又比右边的比色石色浅为止。

(4)观察时，钻石刻面反射出的耀眼的光会影响对颜色的观察

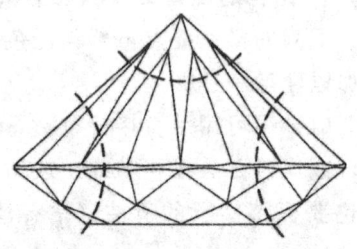

图 2-5　圆钻的颜色集中区
圆钻的亭部、底尖部位和腰棱两侧
（虚线范围）是最显颜色的部位

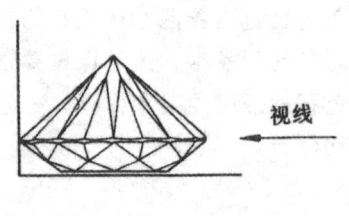

(a)

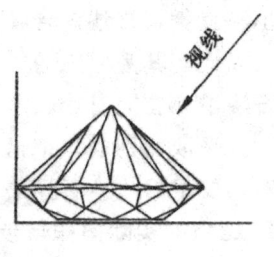

(b)

图 2-6　比色观察的两种最常用方向
(a)平行腰棱方向观察亭尖附近和腰棱两侧的颜色集中区，但可能会受反光与火彩的干扰；(b) 垂直亭部刻面的方向，观察钻石中央无反光和火彩的透明区，有利于消除色调的影响，但颜色较浅淡，受钻石大小的影响

和比较。如果小心地前后移动盛有钻石和比色石的白纸槽，或者稍稍改变白纸槽的倾斜度，在某些位置可能看不到耀眼的反射光，保持在这种位置上进行观察和比较。另一种消除反光的方法是对钻石和比色石呵气。呵气会在钻石表面形成薄薄的一层水雾，当水雾蒸干之前的一瞬间，钻石的反光不明显，体色显得最为清楚，抓住这一机会进行比色。

(5) 判定钻石色级。当待测钻石比左边的比色石色深，又比右边的比色石色浅时，就找到了该钻石所属的色级。但它的色级究竟同于左边，或者右边的比色石的色级，还要根据比色石的设置来确定。如果每粒比色石是代表每一色级的上限，即 GIA 体制的比色石，那么待测钻石的色级同于左边的色级较高的比色石。如果每粒比色石代表每一色级下限，即 CIBJO 体制的比色石，那么待定钻石的色级同于右边的色级较低的比色石。假如比色石是位于每一色级的中央，那么还必须判断待测钻石的颜色深度与左边或是右边的比色石更接近，并与最接近的比色石为同一色级。

(6) 检查钻石，确定其为原待分级的钻石样品，没有与比色石混淆。记录比色结果。

第五节 颜色分级的常见问题

颜色分级是带有相当主观性的判断。要做到判断能够更符合样品的实际特征，需要严格且大量的训练。同时也要了解人的视力和样品可能出现的异常或偏移标准的情况，以及由此引起的问题和解决的办法。

1. 视觉疲劳

视觉疲劳是在比色中最常遇到的问题，实际上是一种生理现象。无论是初学者或是分级师，无论是进行了较长时间的比色或是刚作了数粒的比色之后，都可能出现视觉疲劳的现象。这时，无法判断钻石色级的归属，总觉得还有其它的可能性。一旦出现这种感觉，应该立即停止分级工作，那怕只休息几分钟，就有可能恢复视力。而疲劳的情况下继续比色，难免出现错误。也由于这一原因，比色时用长时间的反复观察和分析，再做出色级的判定，并不比快速比较作出的决定更可靠。实际上，最初的颜色印象比长时间观察后得出的结论更准确。

2. 颜色深度与比色石相同的钻石的比色

当待分级钻石与某一比色石的颜色非常接近时，会产生一种心理作用，即会觉得当该钻石放在比色石的左边时，其颜色较比色石为深，放到比色石的右边时，又比该比色石为浅。出现这种情况，表明该钻石的颜色深度与该比色石一样，不可与视觉疲劳的情况混淆。为了消除疑虑，在碰到这种情况时，也可休息几分钟后再进行比色和判定。

3. 大小不一钻石的比色

如果钻石与比色石的大小差异较大，比色就较困难。同种色级的钻石，越大越易显示体色。最好同时也是最可靠的办法是，选用与钻石大小差异不大的比色石。重量为 30 分左右的比色石，适用于 1.5 ct 以下钻石的比色。重量为 70 分的比色石，则可适用于 0.5—3 ct 以下钻石的比色。

此外，也可以采取一些技术措施。对大小悬殊的钻石比色时，可以通过比较亭尖部分的颜色，来尽量减少因大小不同引起的误差。在这种情况下，用呵气消除表面反光与刻面反射也非常重要。除了比较亭尖部分，也可以比较冠部，注意冠部与比色板接触的部位颜色深度。在这个位置上，反光最少，受大小的影响也较小。

4. 花式钻的比色

比色石均为标准圆钻琢型，当与非标准圆钻琢型的样品进行比色时，因琢型不同，光线的反射路径和方式不一样，异型钻的颜色集中区也不同于标准圆钻，判断色级远较标准圆钻琢型的样品困难。异型钻腰棱的尖端部位颜色最为集中，异型钻腰棱特别厚的位置，如心形明亮型的切口，颜色也较深，这些位置都不宜于比色(图 2-7)。各种形式的变形明亮式琢型的钻石，亭尖部位是最好的可比位置。但对祖母绿琢型或其变形的样品则非如此。祖母绿琢型及其变型看上去显得更白，或者说颜色更浅。只有在对角线方向上，这些琢型的光线反射才与标准圆钻有些相似，是比色较佳的方向。钻石的琢型很多，总的原则是选择花式钻的刻面分布尽量与比色石相似的部位或方向进行比色。

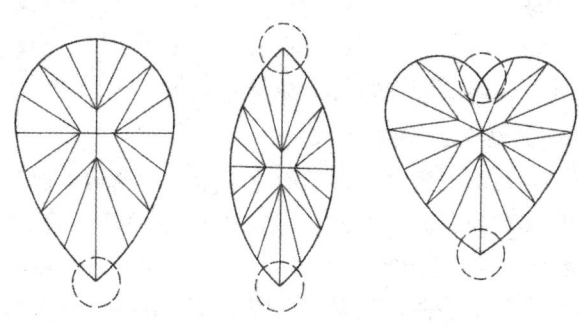

图 2-7　花式钻的颜色集中区和不适于比色的位置（虚线范围）

另一种方法是，从不同的方向对花式钻进行比色，并把每个方向的结果都记录下来，最后取平均色级为该花式钻的色级。

5. 切工欠佳的标准圆钻的比色

如果待测钻石的切工欠佳，比例偏离标准较大，就会出现在比色石条件中所阐述过的现象，一些位置的颜色会因比例的偏差而显得较深或者较浅。在这一情况下，仍要采用同花式钻比色一样的原则：对比最相似的部分。如果待测钻石的亭部比例偏离较大，底尖部分就不是好的比色区域，而应选择腰棱两侧来做比较。如果待测钻石的冠部偏离标准或腰棱过厚，腰棱两侧就不宜进行比色，应选择亭尖部分或者亭部的中央进行比色。

6. 带色域钻石的比色

某些钻石存在色域，在比色时可能在不同方向上，颜色深度不一样，色级也不一样。遇到这种情况，可用平均色级，即取最高色级和最低色级的平均作为该钻石的色级。

7. 含带色内含物钻石的比色

带色内含物,如氧化物充填的裂隙、黑色或深色的包裹体等,都对钻石的颜色产生一定的影响。由于这些内含物是钻石的净度特征,在净度等级判断时,已作为考虑的依据,因而不宜在颜色分级中再作为评价的依据。所以,在比色时,要排除这些内含物的影响,选择不受这些内含物影响的部位或方向进行比色。

8. 带杂色调钻石的比色

这是最常遇到的问题之一。钻石不仅带有黄色调,而且还带有褐色、灰色等其它的色调,而比色石只带黄色。在进行比色时,一定要了解,比色是对颜色浓度的判定,而不是对颜色色调的比较。无论是什么颜色,只要存在,就有一定的浓度,就要加以考虑。实际上,有些颜色比黄色明显,如同样深度的黄色和褐色,看上去褐色的更明显,会显得更深。另一方面,有些颜色又不如黄色明显,例如浅灰色。具浅灰色调的钻石往往会使没有经验的初学者划分到很高的色级,产生严重的错误,在比色时要加以注意。

采用透射光比色法,更利于排除不同色调所带来的影响。这一方法是把光源放在比色槽的后面,光线透过比色槽后,强度减弱,再从垂直亭部的方向上观察透过钻石样品与比色石的柔和光线。这时,钻石样品和比色石的颜色几乎都已消失,便于比较钻石样品与比色石所显示的灰度(即为颜色浓度)。通过与相邻的比色石比较,找出钻石样品的色级区间,确定钻石样品的色级 (参见图 2-8)。

9. 不用比色石的比色

经过一段时间的集中训练,或者长期的比色工作,有可能产生对色级的强烈记忆,不用比色石即可对钻石的颜色作出准确的评定。具有这一经验是件好事,但是也要注意,这一经验的应用要有一定的但往往被忽视的条件。最重要的条件是要有一致的光源。如果光源不一致,这一经验就失去了对比性,必然要导致错误。所以,在一个陌生的环境,应用记忆来确定分级将是非常危险的,应加以避免。

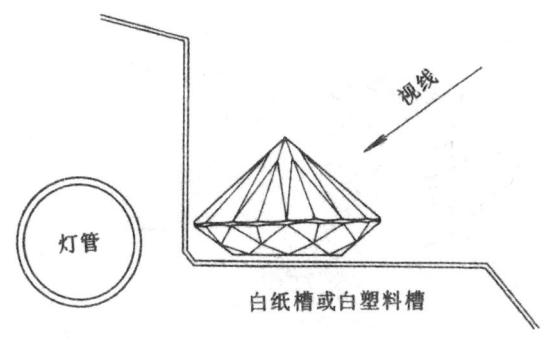

图 2-8 透射光比色法

10. 镶嵌钻石的比色

钻石一经镶嵌，就会强烈地受到金属托架的影响。黄金的黄色会使钻石显得更黄，铂金或者K白金会使钻石显得更白。如果首饰上还同时镶嵌了彩色宝石，彩色宝石的色彩也可能会对钻石产生影响。在比色时，要考虑这些影响因素。

钻石的镶嵌方式也会影响比色的效果。钻石过多地镶入金属中，如包镶的方式，无法从侧面观察钻石，要比爪镶的方式更受金属颜色的影响，并且只能从正面进行观察，比色的难度较爪镶更大。

在镶嵌钻石的比色时，也要采取一定的措施，设法使用比色石。对爪镶的钻石，可以采用图 2-9 所示的方法，用镊子或者宝石爪夹住比色石，与待测钻石台面相对，比较腰棱附近的颜色深度，判断色级。这样做得出的结果会更为精确。但仍然难以做到像裸钻一样，可以与一套比色石同时进行对比，尤其是放在色级仅差一级的两颗比色石之间进行比较，再加上金属的影响，比色的准确度显然比不上裸钻。

采用放大下比色的技术，也是镶嵌钻石进行颜色分级的重要方法。如果采用相应的辅助工具，如使用专门为放置比色石设计的黄色与白色金属托架就有可能在放大的条件下，从侧面或某一方向比

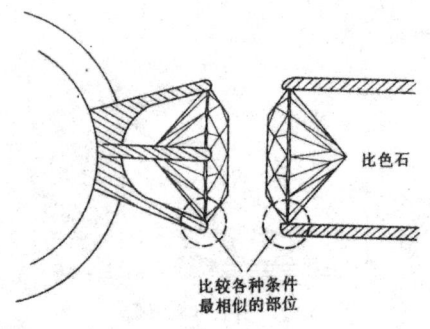

图 2-9 爪镶钻石的比色法

较未知色级的镶嵌钻石与比色石之间的颜色深浅,以达到较准确甚至准确比色的目的。

第六节 比色石的选择

比色石要多少粒?比色石要多大?用立方氧化锆做的比色石行不行?都是在选择比色石时会遇到的问题。这些问题没有统一的答案,而要根据不同的实际需要加以抉择。

1. 比色石需要多少粒

美国宝石学院的钻石色级从 D 至 Z,共有 23 个色级,自然要求有 23 颗比色石。但是,大多数的机构或个人,没有必要准备 23 粒比色石。从商业的角度看,价格变化较大的是在高色级范围,即从 D 到 H,在这一范围内,每个色级的价格差异可达 30%—50%;在中等色级范围(I 到 M),每个色级的价格差异在 10%—20%;更低色级的价格差异已不明显(除 Z 色级外)。所以,中高色级钻石的颜色分级较为重要。另一方面,中高色级,尤其是高色级的钻石,不借助比色石,分级也会非常困难。这也是为什么国际上的其它钻石分级标准都不采用 23 个色级的原因。根据我国的钻石分级标准,色级共分 11 级,完整的一套比色石需要 10 粒或 11 粒。

简化的比色石系列,妥善使用,也能基本满足分级的精度。这样可以减少近一半的比色石,而只要4粒或5粒。简化的办法是隔一个色级用一粒位于色级界线上的比色石,不论是位于色级的上限还是位于色级的下限均可。对位于色级上限的简化比色石系列为E、G、I、K和M等5粒比色石,位于色级下限的简化比色石系列为D、F、H、J和L等5粒比色石。分级的原理是,在确定一钻石样品的颜色深度介于某两粒相邻的比色石,例如G与I之间时,要进一步比较钻石样品的颜色深度与这两颗比色石的接近程度。如果与G比色石接近,则定为G(假定所用的比色石是位于色级的上限位置)。反之,如果,钻石样品的色深与较低色级的比色石I接近,则定为H。如果,钻石样品的颜色深度正好介于两比色石之间,仍可判定为H。这是因为色级颜色深度的变化是不等距的,随着色级的降低,色级间的颜色深度的差异也加大,所以,当钻石样品的颜色深度介于两比色石之间时,相当于位于这两个比色石所代表的颜色深度差的中点,但是,中点并不是色级G与H的界限,而是位于色级H的范围之内(参见图2-10)。

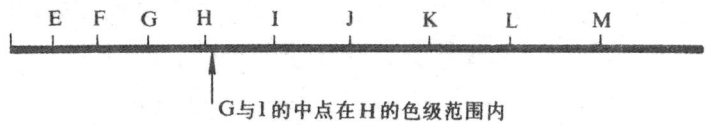

图2-10 两比色石的中点所属的色级示意图

简化的比色石系列,还不是最简单的。更简便的办法是准备一至两粒与自己工作最相关的比色石。而且,这种比色石不一定要专门购买严格地位于色级界限上的比色石。只须把自己所拥有的钻石送到有关的鉴定部门,比如笔者所在的中国地质大学(武汉)珠宝学院,专门作色级鉴定,标定了色级之后,就可以作为比色参考了。

此外，如果常有彩钻业务，应该准备一粒 Z 色级的比色石。这对平息一粒钻石是否属于彩色钻石的争议会起重要作用。

2. 比色石需要多大

比色石大小的选择，灵活性很大。一般地说，比色石的重量不应小于 0.25 ct。再小的比色石不便于使用。选择比色石大小的基本原则是，根据实际工作中最常遇到的样品的大小，来确定比色石的大小。比色石与样品的大小越接近，比色越容易。较大的样品，最好用较大的比色石，反之也一样。但是，如用大的比色石来对较小的样品作比色，和用小的比色石来对大的样品作比色一样不容易。所以，比色石宁可选择得比实际钻石样品小一些。一般经验是：1 ct 以下的钻石，用 0.25—0.40 ct 大小的比色石即可。如果富有经验，还可用于更大些的钻石。0.70 ct 大小的比色石，可适用到 3 ct 左右的钻石。我国的钻石分级标准中，没有对比色石的大小做出规定。而 CIBJO 和 IDC 的标准，则建议使用 0.70 ct 大小的比色石。但是，比色石不是越大越好，因比色石越大，价格越高，故应该根据实际情况进行选择。

3. 立方氧化锆能否做比色石

用立方氧化锆（CZ）作比色石，有许多不利的因素。例如：CZ 的颜色不够稳定，长期使用后，颜色会发生变化，使比色石失效。而且，CZ 色散比钻石强，比色时容易出现火彩，影响比色。再者，CZ 的折光率低于钻石，按标准圆钻型切割的 CZ 比色石，对光线的反射与折射不同于钻石，这也会影响比色的效果。在美国宝石学院的钻石分级教程（1992 年版）中，也着重指出，CZ 不宜于作比色石。美国宝石学院所属的 GIA 宝石商业实验室也不会对 CZ 比色石作色级鉴定。尽管如此，在美国宝石学院所属的 GIA 宝石仪器有限公司 1996 年的产品中，还是增加了 CZ 比色石，并保证，由其独家出售的 CZ 比色石，是经过严格的挑选和鉴定的，即使经长波紫外光长时间的辐照，也不会改变颜色。

CZ比色石会有市场,有两个方面的原因。首先,CZ是当今所有的仿钻材料中与钻石最相似的材料,用作比色石能起到比色的作用。其次,CZ比色石比钻石比色石便宜很多,其价格只有钻石比色石的几十分之一。

但是,也应该注意到,国际上专业的钻石分级机构都反对或者不使用CZ比色石。许多专家也认为,CZ比色石可用于许多方面,但不宜用于正式的钻石分级报告的工作中。

根据笔者的经验,使用CZ比色石作比色较为困难,因CZ与钻石在光学性质上的小差异在起作用。只有认识到这种差异及其表现,适当地加以修正,才有可能做到正确地进行比色。

第七节 钻石比色的其它技术

钻石比色,借助于一定的手段、方法或仪器,有可能提高准确度,解决一般比色法解决不了的问题,甚至改变整个传统的比色法。所以,其它方法决不是可有可无、毫不重要的方法,它们的发展有可能对钻石比色产生巨大的变革。

很久以来就有使用仪器进行客观颜色分级的探索与研究。最早的研究成果是1955年美国R. Shipley研制成的电子色度仪(Electronic Colorimeter)。该仪器应用了钻石的黄色体色是由于蓝光被钻石吸收而产生的,而且蓝光被吸收得越多,体色就越黄的原理。但是,这一仪器并不成功,无法对颜色作精确的评定。1967年德国宝石学家Schlossmacher教授和Perizonirs用分光光度计对钻石的颜色进行了客观的测量。他们研究了整个可见光区,从350—700 nm之间钻石的吸收特征,得出了结论:钻石的黄色体色,取决于钻石在黄光区和蓝光区的吸收。根据这一成果,德国的Lenzen博士研制了称为"钻石光度计"(Diamond Photometer)的仪器,用于钻石色级的测量。该仪器测量出钻石对黄光的透过率(T_1)与蓝光的透过率(T_2),依两者的比值来准确确定钻石的色级。这种仪器的制造成本较分光光度计低，成为一种商业用的钻石比色仪（图2-11）。但是，钻石光度计也有局限性，当钻石具有荧光或者带有其它色调的颜色时，就得不到正确的结果。同时，每一台仪器的参数都不一样，测量出的数值也都不一样，所以必须用各自的工作曲线校正。

近年来，计算机技术也被应用到钻石比色的领域。以色列克朗计算机工业公司（Gran Computer Industries Ltd.）生产了称为"钻石比色仪"（Diamond Colorimeter DC 2000）（图2-12）的仪器，与五、六十年代的仪器比较有了较大的进步，用途更为广泛，可以测量0.25—10 ct大小的钻石，不仅对标准圆钻，还可对花式钻甚至原石进行测量，而且还可以测量已镶嵌钻石和带有其它色调的钻石。

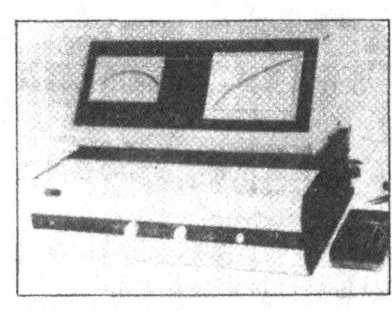
图2-11 钻石光度计

图2-12 DC2000型钻石比色仪

尽管钻石比色仪在技术和应用上均有很大的进步，而且还会进一步地提高，但这些仪器还存在一定的问题。例如色级的精确度，带杂色和荧光的钻石比色的精确度等，都还存在尚未解决的问题。而且，比色仪还不能像分级师一样，能对色调、琢型、荧光等影响加以综合考虑。所以，直到现在，各个钻石分级机构都仍然坚持以比色石为最终的比色手段。对于比色仪，只有充分认识它的局限性，才能发挥它的优点，达到正确比色的目的。

第八节 钻石的荧光及其分级

大约有一半的钻石在紫外光的照射下会发出可见光。这种性质称为紫外荧光,简称荧光。钻石荧光最常见的颜色为蓝白色。此外还会出现黄色、橙色、绿色和红色等其它颜色的荧光。钻石荧光的强弱也有很大的差异。具有强烈荧光的钻石,在日光下,会因阳光中的紫外光,显示出如同汽油一样的蓝白色彩光,称为"超蓝钻",如南非 Premier 钻矿所产出的一些钻石。以前也用"Premier"作为描述这种现象的术语。蓝白的紫外荧光,会掩盖钻石的黄色体色,并使钻石在日光下呈蓝白色。早先认为最好的颜色为蓝白色,并称为 Jager 的钻石,实际上是钻石的荧光造成的,不是钻石的体色,这种蓝白钻的真正色级,往往只在 I 左右。

钻石的蓝白色荧光与其 415 nm、由 N_3 色心引起的吸收有关。只有具有 415 nm 吸收的钻石,才可能产生蓝白色的荧光。所以,在无紫外光的光源下,这些钻石通常都带有黄色调,色级一般不高于 H。但是,并非颜色越黄,即 415 nm 吸收越强的钻石,荧光也越强。这是由于钻石中的另一些氮元素,不是以 N_3 形式的缔合体存在于钻石的晶格之中,而是以被称作 B 集合体的形式存在,这种形式的氮元素会对荧光产生淬灭作用,而且 B 集合体本身不会使钻石产生颜色。所以,一颗钻石的荧光强弱,不仅与 415 nm 以及其它的吸收有关,还和 B 集合体的含量有关。

钻石的荧光在钻石颜色分级的历史中,曾经造成问题,并引起重视,从而发展到现在采用无紫外光的比色光源,以排除荧光在颜色分级中可能产生的影响。

钻石的荧光要独立地加以检测和评定。我国的钻石分级标准中,把荧光强度分成强、中、弱和无 4 个等级。CIBJO 钻石分级标准设置有 3 粒分别为强、中和弱荧光强度的标准样品,把荧光分成强、中、弱和无 4 个等级。GIA 则把荧光分成极强、强、中、弱和无 5 个等级，并设置 2 粒分别作为强与中分界、中与弱分界的标准样品。我国的标准尚未对荧光标样作出说明与规定。方法上采用在波长为 366 nm 的长波紫外灯的照射下，目视比较被测钻石与标准样品的荧光强度。在钻石分级报告或证书的相应栏目或备注中记录荧光强度和荧光的颜色。

荧光分级的意义在于，具有中等强度以上紫外荧光的钻石，其外观色级（在日光下观察的颜色）可能与其真实的色级不同。如果该钻石发蓝白色荧光，将会增进其颜色的白度，提高色级。如果钻石发黄色荧光，将会降低其外观色级。因此蓝白色荧光对钻石有利。但是，过强的荧光又会带来其它方面的不利影响。"超蓝钻"由于过强的荧光，产生油蒙蒙的外观，使钻石的透明度降低，影响到其净度级别的判定，要被列入较低的净度等级。

在商业上，具有荧光的钻石的价格往往要比无荧光的钻石低一些。实际上，如对钻石的荧光巧加利用，会有助于钻石的销售。所以，荧光对商业并非不利。

第三章 钻石的净度分级

第一节 概 述

1. 净度分级意义

天然形成的钻石通常带有各种各样的"瑕疵",有的是在钻石晶体生长过程中被包含到钻石之中的,称为包裹体,它们可能是固态的、液态的或气态的物质;有的是在钻石晶体长成之后产生的,最典型的就是各种各样的裂隙。这些内含物可在不同程度上影响到钻石的纯净度和外观的美观性。由于钻石的自然生长过程极为复杂,钻石不含异相物质几乎是不可能的,所以纯净的钻石不仅美丽而且稀有。

但是,在钻石分级中,是否"纯净"还必须有一个衡量的尺度。肉眼看不见的瑕疵,在十倍放大镜的帮助下会变得非常清晰。即使在十倍放大镜下看不到的瑕疵,在显微镜下放大到更高的倍数时也会变成可见的。所以,是否存在瑕疵,还必须有一个条件,即观察的方式,这是钻石净度分级中必须明确规定的条件:用十倍放大镜或者放大十倍观察。

放大十倍仍然看不见瑕疵的钻石,从作为珠宝首饰的观点来看,已达到完美的程度。实际上,如果只从外观表现的角度上看,在放大镜下可见到的微小瑕疵,甚至即使在肉眼下可见到的小瑕疵,也不会对已抛光的钻石的外观产生什么实质性的影响。从这一角度上看,有些钻石的净度分级是不必要的。但是,净度分级的重要意义不仅在于评判内含物对外观的影响,而且还在于评判它们对稀有性的影响。

珠宝业界先驱长期研究的成果和新的发现，对这一观念也提出了挑战。在钻石中已发现了种类繁多的天然包裹体，较易识别的矿物就有30余种，其中部分种类的矿物包裹体较为常见，如橄榄石、石榴石、铬铁矿和硫化物矿物等。另一些种类的矿物包裹体却非常少见，如红宝石包裹体，至今仅发现过一例，还有同样罕见的变色石榴石包裹体。从稀有性上看，这些有"瑕疵"的钻石决不亚于所谓的纯净钻石。从其所具有的科学意义上，也比纯净的钻石要丰富得多。甚至从观赏上，也比纯净的钻石更有魅力。只是目前确定这些较小的矿物包裹体的种类还存在一定的困难，对包裹体的科学意义、观赏性的认识还不够，导致在日常工作中没有给予应有的注意，而不加区别地统称为包裹体，甚至更广泛地与裂隙、钻石生长的不均匀现象等一起统称为内含物，致使钻石内含物所含有的深邃，并具有商业意义的内涵尚未得到发掘。

2. 净度分级的沿革

净度分级大约开始于19世纪末，当时钻石的交易中心在法国巴黎。最初只把钻石分为两类，一类是较稀有的"纯净"或"干净"的钻石，另一类是具有"瑕疵"（Pique，法语）的不够纯净的钻石。大约到20世纪初，新术语"镜下洁净"（Loupe Clean）开始取代"纯净"，把在低放大倍数的放大镜下不能看到瑕疵的钻石称为"镜下洁净"，形成了现代净度分级概念的萌芽。

美国宝石学院GIA于20世纪20年代最早提出了系统的钻石分级方案，包括净度分级的概念和方法，得到了珠宝业界的响应和采用。60年代以后，欧洲的钻石分级也开始有了较大的发展，并制订了钻石分级的方案或定名标准，例如斯堪维纳钻石命名法、国际金银珠宝首饰联盟的钻石手册等等，对GIA钻石净度分级的术语做了修改，使用"内含物"（Inclusion）取代GIA术语中的"瑕疵"（Imperfect），并提出了相应的概念：使用中性措词。其内涵是，作为净度评级的现象，例如原生包裹体、同生包裹体、羽状裂隙、生长结构等,实际上是反映钻石自然形成的特征,并不一定是影响钻石美观的瑕疵。并且,"瑕疵"是一个贬义词,用来描述商品中的天然性质也不妥当。这种观点当然也得到钻石工商业界的广泛赞同,影响也越来越大。后来 GIA 也接受了这一观点,修改了净度分级的用语和定义,把中高净度级别的"瑕疵"一词改用"内含物",对低净度级别仍保留原来的术语——"瑕疵"(表 3-1),但在定义上用"内含物"来加以说明。

表 3-1 净度分级用语的沿革

美国宝石学院(GIA) 50 年代	国际金银珠宝首饰联盟 70 年代	美国宝石学院(GIA) 80 年代
Very Very Slight Imperfect (极轻微的瑕疵) Very slight Imperfect (很轻微的瑕疵) Slight Imperfect (轻微的瑕疵) Imperfect (瑕疵)	Very Very Small Inclusions (非常非常小的内含物) Very Small Inclusions (非常小的内含物) Small Inclusions (小的内含物) Pique (瑕疵*)	Very Very Small Inclusions (非常非常小的内含物) Very Small Inclusions (非常小的内含物) Small Inclusions (小的内含物) Imperfect (瑕疵*)

* 在定义上,用"内含物"(Inclusion)

但是,在净度的评价中,除了包含在钻石内部的内含物之外,暴露在钻石表面的一些现象,例如原晶面、凹坑、生长纹等,也要加以考虑。这些现象在早期被称为表面缺陷,GIA 使用"缺隙"(Blemish)来称呼这些现象。这些用语都带有贬义性,所以也被修改成为"外部特征"(External Characteristic)。为了在措词上的对应性,又产生了新的术语"内部特征"一词,作为内含物的同义语。到目前,使用中性术语已成为国际上普遍接受的观念。许多钻石分级机构都避免使用瑕疵、缺陷等具有贬义性的用语。

3. 国际上不同净度分级规则的比较

目前在国际上较有影响的钻石分级体系或机构,如 GIA、IDC 和 CIBJO 等,也包括我国 GB/T-16554-1996 的净度分级规则都有所不同,差异有下列几个方面:

(1) 净度级别的划分

GIA 的净度级别最为详细,共分成 11 个级别,并且对每一个级别,包括亚级都作了定义。其它机构所规定的净度级别要少一些,并且没有对亚级划分作具体的定义。对较小的钻石,如小于 0.47 ct,采用简化的净度级别,而 GIA 则未做这方面的规定。国标 GB/T-16554-1996 在这些方面与 GIA 的规则相当一致,不同之处仅是少划分一个净度级别。

(2) 净度分级的方法

GIA 规定用十倍放大镜,实际上是指用显微镜作观察的助视工具。其它规则,包括国标 BG/T-16554-1996,都认定用十倍放大镜。十倍放大镜的优点是简单、灵活。

IDC 标准对最高净度级别(LC)与次高净度级别(VVS)之间的界定设置了标准样石,并称为 5 微米规则。在应用上,不是用测量的方法去对比内含物的大小,而是仍然用放大镜下观察的方法去对比内含物的可见性。这是 IDC 规则的一个特点。这一特点可能与 HRD 原来制定的定量净度评价的方法有一定的关联。

(3) 净度特征的分类

在净度特征的分类方面,欧洲分级体系与 GIA 的划分有所不同。欧洲体系以净度特征是否位于表面上作为区分内部特征与外部特征的依据,而 GIA 则把所有凹入或深入到钻石内部的缺陷与封闭在钻石内部的包裹体一样都当作内含物。例如表面凹坑,在 IDC 规则中作为外部特征,而在 GIA 体系中则当作内部特征。

(4) 外部特征在净度评判中的作用

在净度评定时要不要考虑外部特征的情况，各种分级标准的规定很不一样。CIBJO 标准不考虑外部特征在净度等级评定中的作用。只有当外部特征过于明显，重磨消除会伴有明显的重量损失时，才加以考虑。IDC 规则分成两种处理方法，对于十倍放大镜下无内部特征的钻石（LC 级别），其外部特征不降低净度级别，而用附注加以说明。但是，对于有内含物的钻石（VVS 级别及以下），外部特征则要影响到净度级别的评定。GIA 规则中，外部特征对净度评价的影响与 IDC 完全不同，对最高净度级别（FL 级）影响最大，对次高净度（IF）级别及以下级别的影响不大，这是因为在其它规则中属于外部特征的某些现象，在 GIA 规则中已当作内含物看待了。国标 BG/T-16554-1996 中没有明确规定外部特征（外部瑕疵）对净度级别的影响，而在净度级别的定义中，决定净度的是"瑕疵"的大小与可见性。"瑕疵"可概括为内部和外部瑕疵。如果定义中的"瑕疵"包括了外部瑕疵，那么国标 BG/T-16554-1996 就把外部特征作为判定净度的依据，将成为国际上最为严格的净度标准，与国际净度级别的对比性就将出现差异。

表 3-2 列出了各个钻石净度分级标准的基本内容。

第二节 钻石的内部特征和外部特征

钻石的净度级别是根据其内部特征和外部特征的大小与明显性来确定的，也统称为净度特征。由于内部与外部特征在净度评定中的作用不同，如何把净度特征划成内部与外部两部分，对整个净度分级规则将产生重大影响。

1. 内部特征

包含在已抛光的钻石成品的内部，或者从内部延伸到了表面的固态包裹体、液态包裹体、气态包裹体、裂隙、双晶面（线）、生长面（线）以及人工处理的痕迹等，统称为内部特征。也可以概括地说，内部特征是钻石内部在一定放大条件下所有可见的现象。这些

表 3-2 不同净度分级规则一览表

各种标准	净度级别	定 义	有 关 规 则 说 明
IDC	LC	在十倍放大镜下不可见的内部特征	内部特征的种类： 　　针尖、晶体、云雾体、解理裂隙、裂隙、深色包裹体、腰棱胡须、生长面、双晶面、激光孔等 外部特征的种类： 　　原晶面、额外刻面、双晶纹和生长纹、表面的各种损伤 外部特征对净度的影响： 　　对 LC 级钻石没有影响，用附注说明 　　对 VVS 级及以下的钻石，在十倍放大镜下依外部特征的可见性，按一定规则影响净度等级 5 微米规则： 　　LC 与 VVS 之间的区别用含有 5 微米大小内含物的标准样品，但最终以放大镜下的可见性为准
	VVS_{1+2}	非常非常小的内部特征，在十倍放大镜下非常困难看见依内部特征的大小、位置和数量决定亚级	
	VS_{1+2}	非常小的内部特征，在十倍放大镜下较难到容易看见	
	SI	小的内部特征，在十倍放大镜下易见	
	P_1	所具有的内部特征从冠部一侧用肉眼难以看见	
	P_2	大或多的内部特征，肉眼较易看见，并轻微地影响钻石的亮度	
	P_3	大或多的内部特征，肉眼极易看见，并影响了钻石的亮度	
CIBJO	LC	在十倍放大镜下不可见的内含物	内部特征的种类： 　　小晶体、固态包体、云雾体、针尖、裂隙、羽状体、腰棱胡须、带色双晶面 不影响净度的外部特征的种类： 　　划痕、小点、额外刻面、原晶面、双晶线、生长线和表面纹理、抛光痕、粗糙腰棱、烧痕和轻微的腰棱胡须 外部特征的规则： 　　如果外部特征很大，不能用耗损重量不大的重抛光除去，要在净度评定中加以考虑 其它： 　　0.47 ct 以下，不分亚级
	VVS_{1+2}	极微小的内含物，在十倍放大镜下极难发现	
	VS_{1+2}	微小的内含物，十倍放大镜下不易发现	
	SI_{1+2}	小的内含物，十倍镜下易于发现	
	P_1	内含物，十倍放大镜下立即可见，用肉眼通过冠部观察很难发现，不影响钻石亮度	
	P_2	大或多的内含物，用肉眼通过冠部观察容易发现，轻微减弱钻石的亮度	
	P_3	大或多的内含物，通过冠部用肉眼观察极易发现，影响了钻石的亮度	

续表 3-2

各种标准	净度级别	定 义	有 关 规 则 说 明
GIA	FL	在十倍放大镜下观察，没有任何的内含物或缺隙	内含物的种类： 腰棱胡须、碰伤、洞痕、缺口、云状物、羽裂纹、晶体包裹体、内凹原晶面、内部双晶纹、晶结、激光孔洞、针状体、针点、双晶网 缺隙的种类： 磨损、额外刻面、原晶面、小缺口、白点、抛光痕、磨损痕、粗糙腰棱、刮痕、表面双晶纹 缺隙对净度的影响： 主要对 FL 和 IF 级别的钻石有影响，对更低的级别钻石影响不大
	IF	在十倍放大镜下观察，无内含物，只有小的缺隙	
	VVS_{1+2}	细微的内含物，用十倍放大镜观察极难被发现，尤其 VVS_1 更难被发现，只能从亭部看到，或浅小到可以轻微的重磨除去，VVS_2 也很不容易发现	
	VS_{1+2}	较小的内含物，在十倍放大镜下观察，VS_1 难见到，VS_2 稍微容易看到	
	SI_{1+2}	小的内含物在十倍放大镜下观察，SI_1 容易看到，SI_2 非常容易看到	
	I_{1+2+3}	所含的内含物在十倍放大镜下明显看见，可用肉眼从正面看到，严重时影响钻石的坚固性，数目极多时影响透明度和明亮度，I_1 肉眼可见内含物，I_2 更容易看见，I_3 极容易看见并影响坚固性	
中国(GB/T 16554-2003)	镜下无瑕 (LC)	十倍放大镜下，钻石的内部和外部无瑕疵	内部瑕疵的类型： 点状包裹体、云物、羽状体、浅色包裹体、深色包裹体、内凹原始晶面、内部纹理、激光孔、须状腰、空洞、破口、击痕、双晶中心、双晶丝网状物 外部瑕疵的类型： 原始晶面、创伤、棱线磨损、点、抛光纹、烧痕、表面纹理、额外刻面、小缺口 外部瑕疵对净度的影响未作明确说明
	微瑕 (VVS_{1+2})	钻石具有极微小的瑕疵，十倍放大镜下极难观察，定为 VVS_1 钻石具有极微小的瑕疵，十倍放大镜下很难观察，定为 VVS_2	
	微瑕 (VS_{1+2})	钻石具有细小的瑕疵，十倍放大镜下难以观察，定为 VS_1 钻石具细小的瑕疵，十倍放大镜下比较容易观察，定为 VS_2	
	瑕疵 (SI_{1+2})	钻石明显的瑕疵，十倍放大镜下容易观察，定为 SI_1 钻石明显瑕疵，十倍放大镜下很容易观察，定为 SI_2	
	重瑕疵 (P_{1+2+3})	钻石具有明显的瑕疵，肉眼可见，定为 P_1 钻石具有很明显的瑕疵，肉眼易见，定为 P_2 钻石具有极明显的瑕疵，肉眼很易见，定为 P_3	

现象都是决定钻石净度的重要因素。内部特征又与内含物是同义语。

内部特征可以依据其性质分成包裹体、裂隙、结构现象、缺口和激光孔道等不同类型。

包裹体指被包含在钻石内的固态、液态或气态的异相物。包裹体从成因上可以分成原生、同生和次生等三种类型，但在净度分级中不详究包裹体的成因和具体的性质，而主要强调其可见性，故分成无色或浅色的包裹体、黑色或深色的包裹体、微小的针点状包裹体和集成不规则形态的云雾状包裹体等。

结构现象是指由钻石晶体的双晶、长生带等形成的面状或线状的界限，界限上或界限的两侧虽然都还是钻石，但会存在有微小的折光率差异，造成这些界限的可见性。常见的类型有双晶面或双晶线、生长面或生长纹，如果这些界限上带有颜色，则也可称为色带。

裂隙的形态和成因都比较复杂。大多数裂隙是天然形成的，形态上有平直的解理裂隙、不规则的断口裂隙或羽状体、较小的应力裂隙等。人为的裂隙多是与钻石的加工过程以及钻石的解理性质有关，常见的为腰棱胡须。

缺口指从表面一定程度地深入到钻石内部的各种凹陷，包括有凹坑、角状破口、破口和破损等。表3-3对这些现象作了详细的归纳和描述。

2. 外部特征

抛光钻石表面上的划痕、微缺口、损伤、纹理、原晶面、额外刻面等现象，统称为外部特征。外部特征也是钻石净度级别评定的影响因素，但其重要性要小于内部特征，主要影响高净度级别的评价。

外部特征与内部特征的缺口有相似之处，两者之间的区别主要在于程度上的不同。外部特征在十倍放大镜下，看不出深入到钻石内部的迹象。因而，为消除这些外部特征而进行的修磨所损耗的重量极小。对于缺口则相反，在十倍放大镜下能看到伸入钻石内部的现象，重磨所损耗的重量较大。

表 3-3　内部特征的种类和描述

类型	名称	成因	特征描述（十倍放大镜）
包裹体	无色和浅色晶体包裹体	多为钻石形成时包裹到钻石中的同生的或原生的固态包裹体，大小不一，最常见为橄榄石晶体	小包体成白点状，只有在适当的背景，例如暗色背景下才易于见到。大包体往往可见有平直的界线，透明或不透明
	黑色和深色的晶体包裹体	与前述相似，常见的晶体有铬铁矿（黑色）、石榴石（红色）、硫化物（深色）和属于次生包裹体的片状石墨	小包体成小黑点或高亮度的针尖状，比浅色的晶体包裹体易见。较大的暗色体易见，并有平直的界线或较好的晶形
	云雾状包裹体	由微小浅色的同生包裹体聚集形成，有时也用来形容具有类似外观的小羽裂	呈乳状，无明显边界，在暗域照明下呈白色，较为明显
	云雾	生长过程中被包裹到钻石中的气态包裹体，非常细小，直径往往小于 1 μm	在十倍放大镜下看不到包体，但可感觉到钻石呈朦胧状，透明度降低，云雾可遍布整个钻石，或者仅在局部
裂隙	断口裂隙（或羽状裂隙）	在外力作用下形成的不具定向性的裂隙	裂隙面具有圆弧条纹，与贝壳状断口相似，但在其上往往还有平直的与解理方向有关的纹理
	解理裂隙	在外力作用下，沿钻石晶体结构的薄弱方向裂开形成的裂隙	裂隙面平坦，比较透明，转动到一定的方向变黑，因光线被全反射而无法透过裂隙，所有的未经愈合的裂隙都可以发生这种现象
	腰棱胡须	因加工不当造成	沿钻石腰棱分布的微小的解理裂隙
	腰棱凹角	因解理相交形成的缺口	钻石腰棱上三角形的缺口

续表 3-3

类型	名称	成因	特征描述（十倍放大镜）
裂隙	应力裂隙	由钻石内部的应力造成的裂隙	往往围绕在固体包裹体的周围，尺度较小
	被充填裂隙	无论何种原因形成的裂隙，在随后的地质过程中为地下水中的化合物所充填，或者人为地用高折光率的材料充填	充填的裂隙呈黄褐色，甚至黑色，裂隙因充填而透明度下降。人工充填的裂隙可具有闪光效应、气泡等，但不易于观察，有欺骗性，故经人工充填的钻石不做4C分级
缺口	角状缺口	由于加工不当，在腰棱上形成的解理破口	由腰棱楔入的三角状破口
	凹坑	往往由于表面上的固态包裹体在抛磨时脱落形成	可见于成品钻石的各个部分的表面，往往较小，但较深，反射光下呈黑色
	撞伤痕	撞击损伤	表面上浅的凹陷
	破损底尖	底尖上的破口，点状底尖因切磨不当或碰伤所致	底尖崩落形成不规则的表面，并可能伴有微小的裂隙，通常呈白色的不规则的小面
结构现象	双晶面（双晶线）	双晶的接合面，造成接合面与周围的钻石存在微小的折光率差异	平直的直线或平面，界线清晰，有可能带有色调
	生长面（生长线）	生长的停歇及后来继续生长造成的不连续，存在折光率上的微小差异	平直或不规则的纹理，界线不如双晶面清晰，可能带有色调
激光孔	激光孔	人为地用激光束烧出的管状通道，目的是处理黑色或深色的内含物	白色的细管道，管道的一端多连接有白色的较大的形态不一的孔洞，另一端在钻石的表面上，为激光孔的入口，在反射光下呈黑色的小点

根据外部特征的性质，可以分成损伤、磨伤、表面纹理和面状特征。

损伤是指在钻石保存和佩戴中形成的、破坏了钻石光洁表面的各种现象，例如面棱磨损、划痕和白点。磨伤是指在钻石加工过程中形成的损伤，如粗糙腰棱等。

抛光痕虽然也属于一种加工造成的表面现象，属于外部特征，但大多数的分级规则中，都不把它列为净度的参数，而是在切工中给予专门的评价。

纹理是一种结构现象，如双晶线、生长纹等，是双晶结合面与生长面在钻石抛光表面上的表现。这种外部特征不可能经重抛光消除。

面状的外部特征有两种情况，原晶面和额外刻面。原晶面是残留下来未经抛光的钻石晶体的表皮，多为天然晶面的一小部分。不过当原晶面呈内凹状时，必须当作内部特征对待。额外刻面则是因加工不当造成的，可能由于加工失误或者为了掩盖某一缺陷。额外刻面与附加刻面不同，附加刻面是有系统的、按一定对称排布的、标准刻面数以外的刻面。而额外刻面则是个别的、与琢型没有联系的刻面。表3-4对外部特征作了详细的归纳和描述。

3. 内部特征和外部特征的标记

（1）标记的意义和符号

所谓标记是把所观察到的钻石样品的内部特征和外部特征按大小比例，用专门的符号绘制在钻石琢型投影图的相应位置上。这是一项钻石分级要求的基本内容。

详细描述钻石所具有的各种特征，对钻石净度等级的判断非常有利。同时，也是鉴定一颗钻石，使之有确切记录的一种方法。这种记录有助于确定钻石的身份以及日后的复查。

此外，在确定钻石净度级别时，有许多次要的净度特征被忽视。这时标记成为表达次要净度特征特有的手法。因此，标记也称为"无声的评价"。

表 3-4 外部特征的种类和描述

类型	名称	成因	特征描述（十倍放大镜）
损伤	面棱磨损	多为保存或佩戴时，由于和硬物碰撞或者钻石之间相互摩擦而造成的	面棱上许多微小的伤痕，使原清晰锐利的面棱变模糊，在反射光下呈白色
	划痕	多为保存不当，因钻石之间相互摩擦时，被另一颗钻石的尖端刻划形成	呈白色细长、并且很浅的直线或者曲线，划伤越深，白线越明显
	白点	可能由于微小且暴露到表面上的内含物的脱落或者受硬物的碰撞形成	微小的凹坑，在反射光下呈白点状
	磨损底尖	同面棱磨损相似	底尖成一白点，但未伴有裂隙
磨伤	抛光痕	加工不当造成，可能与抛光的方向或磨盘不佳有关	平行的、仅局限于一个刻面上的条纹
	小缺口	往往分布在腰棱上，与内部特征的缺口仅有程度上的差异	在腰棱上呈三角状的微小凹陷
	粗糙腰棱	加工钻石腰棱不当，如用力过大或速度过快造成	表面粗糙，呈白砂糖状，并伴有微小的裂隙，但很难看出这些裂隙深入到了钻石的内部
	灼烧小面	因加工不当和保护不周，产生高温，导致钻石与空气发生氧化反应所致	抛光的表面变成白霜状或者起伏不平，如同窗户玻璃上冻结的冰凌
	原晶面	切磨钻石时，为了保存最大直径和最大重量而保留下来的钻石原石的表皮，多为晶面的一部分	多在钻石的腰围的上下，原晶面上常有晶面花纹，如三角纹，可作为钻石的鉴定特征
	额外刻面	可能因切磨不当，或者为了掩盖某种缺陷的抛光平面	与琢型没有联系的刻面，常见于亭部
表面纹理	生长纹	同内部特征中的生长面	平直或弯曲的线状界线
	双晶纹	同内部特征中的双晶面	平直的线状界线，不如生长纹清楚

为了使这一工作既直观又简便，除了使用专门的符号之外，还规定，内部特征用红笔描绘，用红色强调其重要性，外部特征用绿笔描绘，以示与内部特征的区别。表3-5列出了各种常见的内部特征和外部特征所用的符号。

表 3-5 内部特征和外部特征的标记符号

内部特征

针尖

云雾体

浅色或无色的晶体

浅色的大晶体

带有裂陷的深色晶体

带云雾的深色晶体

羽状体

大的无色裂隙

腰棱上的解理裂隙

腰棱胡须

无色的生长线

带色的生长线

激光孔

表面凹坑

腰棱凹角

内凹原晶面

开放裂隙

损伤底尖

外部特征

原晶面

多余小面

粗糙腰棱

微细的表面凹坑

磨损面棱

抛光痕

表面损伤疤痕

表面生长纹

磨损底尖

（2）标记的方法

标记的基本方法是，在认真观察钻石的内部特征和外部特征的基础上，按照各种特征的实际形态和大小比例，用相应的符号和颜色，绘制在琢型投影图的相应位置上。

标记方法较困难的地方是，如何掌握琢型投影图的定位，正确地把各个特征标记在相应的位置上。

所谓的琢型投影图是钻石样品的冠部与亭部的投影图，图 3-1 示出了标准圆钻琢型的投影图〔图 3-1(a)〕和椭圆明亮型的投影图〔图 3-1(b)〕。在实际分级中，要根据钻石样品的琢型绘制（或选用）相应的琢型投影图。

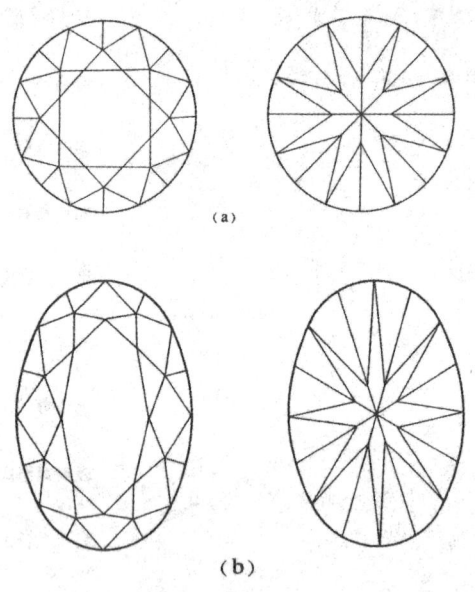

图 3-1 钻石投影图

(a) 标准圆钻琢型；(b) 椭圆明亮型

琢型投影图的定位规则是把冠部投影图按时钟的方式分成不同的区域,如图 3-2 所示。12 点钟在上方,6 点钟在下方,构成垂向轴;3 点钟在右边,9 点钟在左边,构成水平轴。亭部投影图有两种摆布方式,或是摆在冠部投影图的右边,或是下方。无论是在右边或是下方,亭部投影图的定位都与冠部投影图的定位形成镜面对称。如果:

(1)亭部投影图列于冠部投影图的右边〔图 3-2(a)〕,那么亭部投影图的 12 点与 6 点钟的位置与冠部投影图相同,但 3 点与 9 点钟的位置与冠部投影图相反,为逆时针方向。亭部投影图与冠部投影图平行排列的方式,适用于十倍放大镜作为工具的观察方式。

(2)亭部投影图列于冠部投影图的下方〔图 3-2(b)〕,那么亭部投影图的 3 点与 9 点钟的位置与冠部投影图一致,但 12 点与 6 点钟

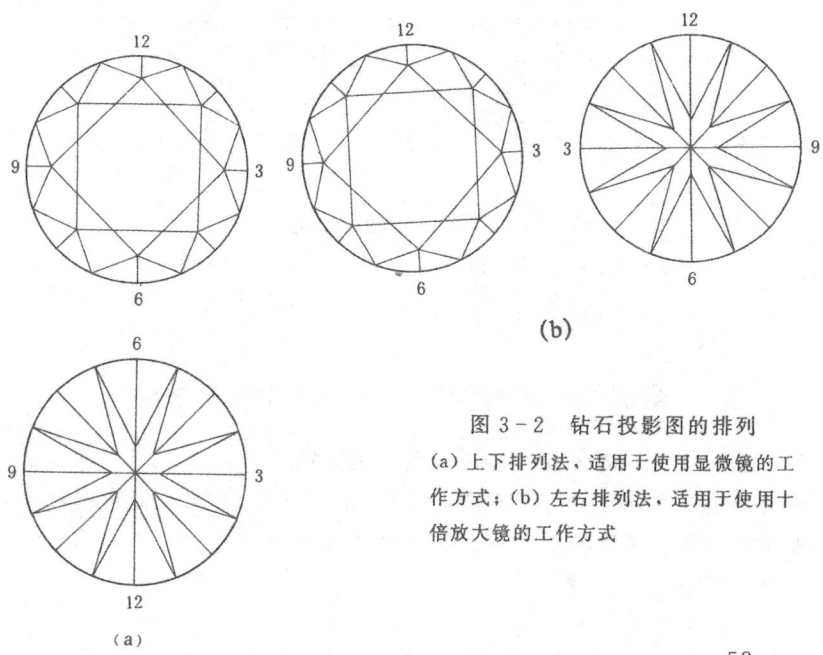

图 3-2 钻石投影图的排列
(a)上下排列法,适用于使用显微镜的工作方式;(b)左右排列法,适用于使用十倍放大镜的工作方式

的位置与冠部投影图相反，亭部投影图上的时钟顺序也成为逆时钟方向。这种排列方式适用于使用显微镜的观察方式。

在标记时，要遵循冠部投影图和亭部投影图的定位关系。同一个内部特征，如果从冠部一侧和亭部一侧观察时都能看到，那么在两个图上都要标示出这一现象，所标示的位置要一致。这一致性表现为在冠部投影图上的标记与亭部投影图上的同一标记成镜面对称，如图3-3所示。其意义是，如果把冠部投影图与亭部投影图按图3-3中的虚线折合到一起，构成钻石的整体示意图的话，同一内部特征也会正好重叠在一起。

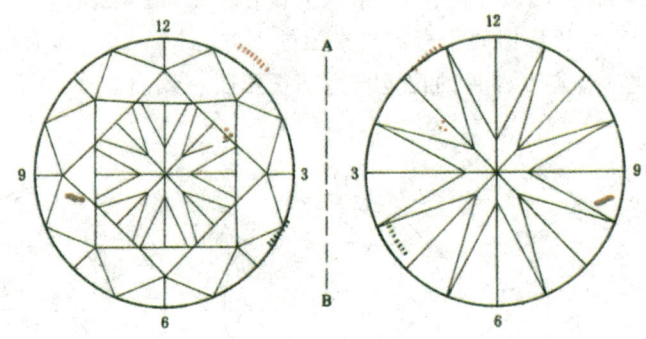

图3-3 净度特征标记与正确定位
净度特征专门用符号按大小比例与实际所处的位置标绘在
冠部与亭部琢型投影图上（以AB为镜面对称）

第三节 内部特征和外部特征的观察

观察钻石的内部和外部特征是净度分级的最主要工作。保证观察结果全面并且正确，是净度分级的必要前提。为此，要采用合适的仪器设备、正确的观察方法和合理的步骤。

1. 常用仪器设备

（1）十倍放大镜

十倍放大镜是净度分级最常用、也是最重要的工具之一。合格的放大镜往往由数片透镜组合制成,最常见的有三合透镜和四合透镜,以达到消除像差和色差,同时具有观察视域大的效果(图3-4)。

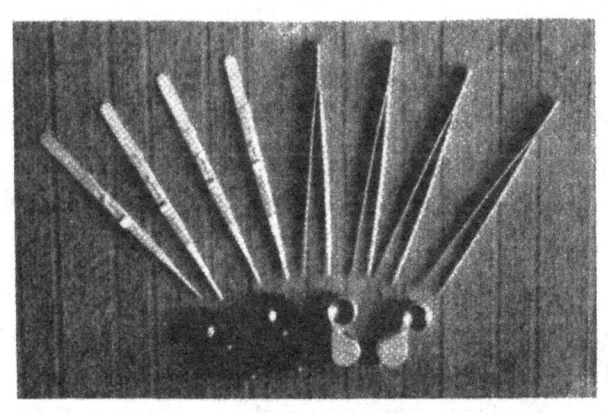

图3-4 各种型号的放大镜和镊子

所谓的像差是物体经放大镜放大之后产生了畸变的现象。放大镜视域的中心位置上的像差要小于边缘位置上的像差。色差是由于透镜对不同波长的色光的焦距不一致所造成。与像差一样,在靠近视域中心位置上的色差要较边缘位置上的小。色差会降低放大镜成像的清晰度。如果在放大镜的视域内,不出现像差和色差的范围越大,就越便于观察,也说明色差和像差都比较小,放大镜的视域大,质量好。检验放大镜质量的方法是,用放大镜观察小方格图案,例如座标纸,可以根据方格的畸变程度和范围、色差出现的范围来判断放大镜的质量。此外,用于钻石分级的放大镜,还要具有白色、黑色或灰色的外壳,以免影响钻石的颜色分级。虽然颜色分级是在与比色石的比较之下做出的,但是,在放大镜下观察后,会留下关于钻石颜色的印象,不正确的印象会干扰颜色分级。

在选择放大镜时，还要注意放大镜的倍数，钻石分级的标准放大倍数是十倍。高于或低于十倍的放大镜有可能造成错误的印象。此外，十五倍以上的放大镜，焦距较短，景深较浅，操作并不方便，甚至难以使用。

选择放大镜要注意的另一个问题与放大镜的使用有关。如果在操作时，习惯把放大镜的金属外套套在食指上，就还要根据自己手指的粗细，挑选便于套在食指上，既不过松、也不过紧的放大镜。往往放大镜的镜片直径越大，它的保护外套的尺寸也越大。不同型号的放大镜的镜片直径不同，所以总可以选择到合适的放大镜。

（2）镊子

钻石分级用的镊子，长度为 16—18 cm，柔软而有弹性，镊子的头部必须有纵横交错的锯齿，或者除了锯齿外，有些型号的镊子还有一条平行镊子的凹槽。锯齿和凹槽可以避免夹钻石时打滑。镊子如带有锁扣，可以锁住夹在镊子上的钻石，不会因松手而滑落，使用方便。镊子以灰色、黑色为好，可以减少反光。

（3）清洁用品

钻石表面的灰尘、油污对净度分级的影响极大，在观察之前必须清除。分级中常用的用具有：长绒布、棉签、酒精和针尖等。长绒布最好是专用的尼龙长绒布，不掉毛。麂皮则是传统的用品，其效果不如尼龙长绒布。棉签和针尖也是很有效的辅助工具，用来清除局部的污物或尘埃，针尖必须和显微镜一起使用。一小杯干净的酒精对除去表面灰尘具有奇效。

（4）光源

净度分级的光源要采用荧光灯。因为荧光灯的光线比白炽灯柔和，不会在钻石中形成强烈的反射光。荧光灯的热量小，即使在接近灯管时也不会有灼热感。而且，荧光灯更接近于日光，对颜色分级有利，甚至可与颜色分级共用。

（5）显微镜

钻石的内部特征和外部特征也可以在显微镜下观察。为珠宝鉴定专门设计的各式宝石显微镜（图3-5）都适用于做这种观察。与放大镜相比，显微镜有许多优点。首先它的放大能力远胜于十倍放大镜，可以放大到几十倍，能观察到非常微小的内含物。并且，在低放大镜倍数，即放大十倍的情况下，显微镜的景深较大，分辨力更好，观察更为舒适。显微镜还配备有不同的照明方式。暗域照明对内含物的观察有很好的效果。此外，钻石还可以夹在固定在显微镜上的夹子上，能腾出手来，一边观察，一边记录或绘图。显微镜还可以配备钻石分级专用的辅助工具，例如特殊的样品夹持器，带有专用图案的目镜，可用来测量内含物的大小，测量标准圆钻的切工比例等等。

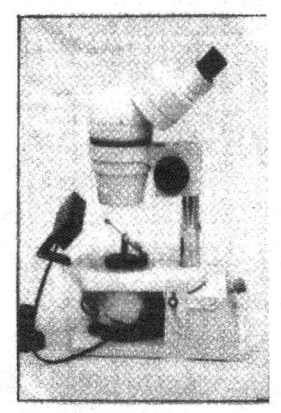 

图3-5　宝石显微镜

显微镜的缺点是，不如放大镜那样便于携带，那样可以在任何场合使用，观察的方向也不如放大镜灵活多变，从而看不见某些位置上的小针点。所以，有些实验室在显微镜下对钻石的内含物做了详细观察之后，还要用放大镜加以检验。

2. 仪器的使用

使用放大镜观察钻石要掌握正确的姿势和方法，只有这样才能做到保持放大镜和钻石样品的稳定，使被观察的钻石始终处于准焦的状态，保证有充分且适当的照明，用有效的方法清除钻石表面的污染，做到在最佳状态下观察钻石。

(1) 使用放大镜的姿势

放大镜是最简单的仪器之一，很多人都不会想到使用放大镜还需要什么特别的技术。但是，根据使用放大镜的方式一眼就可以看出一个人是否是行家。实际上，使用放大镜虽然不要求完全一致的姿势，但是却有一致的基本原则，即本节一开头就提到的，要保持放大镜和钻石的稳定，使被观察的钻石能够始终处于准焦的状态。

一种被普遍认为正确的使用放大镜的姿势如图 3-6 所示。首先，人端坐在桌前，调整桌椅的高度，使双肘可以自然且舒适地支撑在桌子上。然后，根据个人的习惯用右眼或左眼，决定用右手或左手拿放大镜。如果习惯用右眼，则用右手拿放大镜。放大镜可以套在右手的食指上，用拇指和中指夹住。左手拿镊子夹住钻石，再把镊子放到右手的中指与无名指之间，并且让左手与右手互相倚靠。持放大镜的手的虎口靠住脸颊，并使放大镜尽量地靠近眼睛。放大镜愈靠近眼睛，放大倍数愈大，分辨力越好。这一姿势使得左右手和头部成为以两肘为支点的三角结构的一个顶点，保证了观察时所须的稳定性。在观察时，左眼要自然张开（假定用右眼观察钻石）。闭上左眼，右眼观察会更清楚，不过左眼会很快疲劳，坚持的时间不长。左眼张开，但注意力集中右眼，大脑很快就只有右眼的信息，因而左眼张开不会干扰右眼的观察，并能缓解疲劳。

(2) 照明

在放大镜下观察钻石，不像显微镜有专设的各种照明方式。所以，要掌握技巧，灵活地使用简单的灯具，达到确定钻石净度特征的目的。操作时，要让荧光灯的灯罩与前额接近，灯罩下缘不高于双眼，钻石放在灯罩的边缘位置,使光线只照到钻石上,不照射到放大镜上,尤其是不能照到眼睛。如果只让光线照射到钻石的亭部,不照射到冠部,可以减少表面反光,并形成类似暗域的效果(图3-7)。在观察时,还可以采用黑色或白色的背景,形成反差。同时,要避免光线经钻石的刻面反射形成强烈的反光。

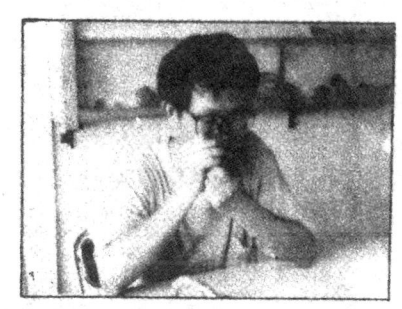

图3-6 使用放大镜的姿势

(3)清洗

钻石有很强的亲油性,极易粘上油脂,这些粘在钻石表面上的污物对观察寻找钻石的内含物会带来极为有害的影响。所以,在开始分级观察之前,要对钻石进行清洗。如果是大批的样品,可以用超声波清洗除去污垢,或者用酒精或其它的油污清洗剂浸泡洗涤也可达到目的。清洗后的样品,在清水冲洗之后,可自然晾干或烘干。如果用布擦干,则必须用干净并且不掉毛的布料。如果钻石样品的数量少,也可直接用不掉毛的绒布搓揉擦拭。

清洗后的钻石,在随后的观察过程中,还可能粘上灰尘或油污,要根据具体情况采用不同的清洁方法。例如,用小毛刷、长绒棉签、吹气球或酒精浸泡清除灰尘。如果是在显微镜下观察,还可以用针尖拨除。

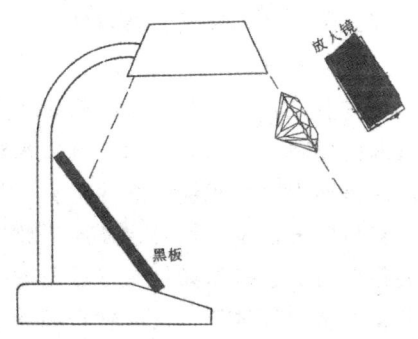

图3-7 钻石的照明

即便如此，在实践中仍然会发现，钻石表面的脏物和灰尘一直是净度分级中最头疼的问题，还必须采用各种方法和技巧，来与之较量。

(4) 钻石的夹持

钻石的夹持也并非毫无学问。初学者通常不习惯用左手使用镊子，总是先用右手把钻石夹起，再递到左手。这种操作不够正确，实际上，只要坚持用左手，很快就会习惯，从而提高分级的速度和质量。

钻石也不宜随便夹起，最方便的方法是把钻石台面向下放在干净的工作台上，镊子平行于钻石的腰棱平面，用镊子夹住钻石，并使镊子的尖端正好夹在钻石腰棱的直径上，这样可以避免镊子过多地遮挡钻石，以及减少因镊子造成的阴影和影像〔图3-8(a)〕。

避免镊子过多地遮挡钻石，也是使用镊子的一项基本原则。

镊子夹持钻石的方式有多种，依据对钻石观察的需要分别加以采用。

(a) 平行腰棱的夹持方式〔图3-8(a)〕

这是最方便、也是最常用的夹持方式，主要用于通过钻石的台面观察内部特征，观察钻石冠部及亭部的外部特征和切工的评价。

(b) 倾斜夹持方式〔图3-8(b)和(c)〕

这种方式，镊子与钻石的腰棱既不平行也不垂直，主要用于透过冠部的倾斜小刻面和亭部的刻面来观察内部特征。采用这种方式的作用是使观察的视线与刻面垂直，消除表面反光。

夹持的方法是，钻石台面向下放在工作台上，手持镊子向下倾斜夹住钻石的腰棱。如果夹好后角度不够合适，可用右手上拿着的放大镜的金属框轻轻地推动钻石，调整角度。如果有经验，也可以直接从平行夹持的状态，用放大镜的金属框推到倾斜状态。这时，最好用带锁扣的镊子。

(c) 垂直夹持方式〔图3-8(d)〕

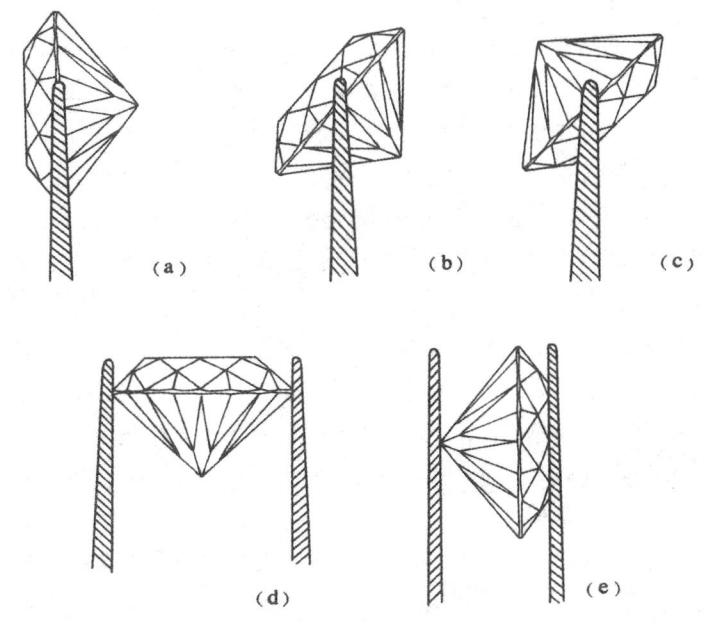

图 3-8 钻石夹持的 5 种方式

镊子垂直地夹住钻石的腰棱,主要用于观察腰棱,也可以用来从台面观察内含物。

(d) 台面底尖夹持方式〔图 3-8(e)〕

镊子夹住钻石的台面和底尖,用于观察腰棱,在观察过程中还可以拨动钻石,使之转动,逐段观察整个腰棱,操作快捷。但是,这种夹持方式,对于点状底尖的钻石,有可能碰伤底尖,不宜使用。

3. 内部和外部特征的系统观察

系统观察是为了保证详尽无遗地观察到整个钻石,找出隐蔽在各个角落的内部和外部特征,为正确判定钻石的净度等级打好基础。所以,系统观察就是要有计划、有步骤、循序渐进地进行,保证钻石的各个部分都能被充分地观察到,而没有遗漏。

(1) 观察钻石的冠部

观察冠部从台面开始，台面是钻石最大的平面，是窥视钻石内部的最佳窗口，一定要尽可能地利用台面，通过台面寻找各种内含物。在观察时，视线要逐渐地从台面表层深入，直到底尖，把钻石台面的整个区域中不同深度上可能存在的内含物全部观察到。观察过程中，还要稍稍地晃动钻石，改变光线的照射方向和背景亮度，增加发现内含物的机会。因为浅色的内含物易在暗域照明的条件下发现。

观察完台面之后，依次观察其余的冠部小刻面，例如可先依次观察完8个星小面，8个上主小面，最后观察16个上腰小面。观察时要使视线与刻面垂直，消除表面反光的影响，才能透过刻面看到内部。为此，可以采取倾斜夹持的方式。

(2) 观察钻石的亭部

绝大多数内含物都可以通过冠部的观察发现，只有紧挨着腰棱下方的内含物，要从亭部一侧观察才能看到。亭部观察同样要有系统性，可以先依次观察8个下主小面，然后再依次观察16个下腰小面。观察时，钻石可采用倾斜夹持法，使视线与刻面尽量垂直。

(3) 观察钻石的腰棱

观察腰棱一般比较容易，腰棱观察不企图透过腰棱表面去探究内部。这是因为腰棱很窄，而且经常是磨砂状的，不透明。所以，注意力要集中在腰棱表面上所具有的特征。观察时，最重要的是要保证整个腰棱都被观察到。因为，如果不采用台面底尖夹持方式，镊子总要遮挡住一部分腰棱。为了观察完整必须把钻石放下，转90°后再夹起观察。

(4) 外部特征的观察

外部特征同样要按冠部、亭部和腰棱分别进行有计划的观察，与内部特征的观察相似，所不同的只是，观察内部特征时，要透过刻面观察内部，而外部特征的观察，只需把注意力集中在钻石的表面。

对部分外部特征,要用反射光观察(这在观察内部特征时,却是要加以避免的),适当地摆动钻石,使刻面反射的光线正好与视线一致,进入眼睛,这时刻面显得特别明亮,刻面上的净度特征或呈白色或呈黑色,较易识别。

(5) 系统观察钻石的其它操作方法

当内含物较小,数量也少时,要有充分的照明才能发现。钻石在荧光灯下,并不是每一部分的光照条件都一样,只有6点钟位置及其附近,照明条件最好。在这个位置上,亭部刻面能反射出荧光灯的光线(图3-9),同时,也没有镊子倒影的干扰。所以,把钻石的每一部分都依次放到6点钟位置进行观察,是寻找内含物的一种重要方法。采用这一方法时,同样要有计划地进行观察。为此,可以把钻石分成4个象限,每一个象限先观察冠部,后观察亭部,每观察完一个象限,就把钻石放下,转90°后再夹起观察。观察时,一定要把每一象限中的各个部分,例如冠部的小刻面,都观察到。为了方便操作,可用放大镜金属框推钻石使之倾斜到合适的角度。与使用这一技巧配合,要选用带有锁扣、并且没有深槽的镊子。

此外,也可以采用另一种手法。镊子垂直夹住钻石的腰棱,按图3-10的方式,让其台面对着放大镜,进行分区观察。这种持拿钻石的方式,较方便于分区观察。只要调整左手持拿镊子的角度,便可使视线与所观察的刻面尽量垂直。只要转动镊子,即可让不同的区间都经过最佳照明的位置。尽管有些位置有镊子遮挡,只要换一次夹持位置就可以解决。使用这一方法时,亦宜选择带有锁扣的镊子。

虽然,本小节是针对在十倍放大镜下观察的方式介绍系统观察钻石的步骤和方法,但是,其中所提到的原则和部分方法,也同样适用于肉眼观察和显微镜下的观察。

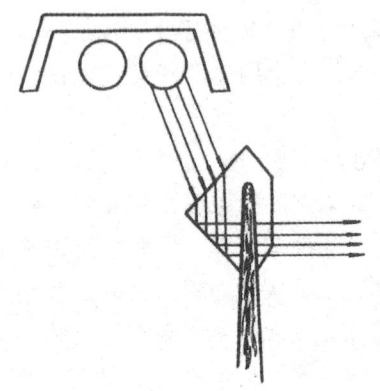 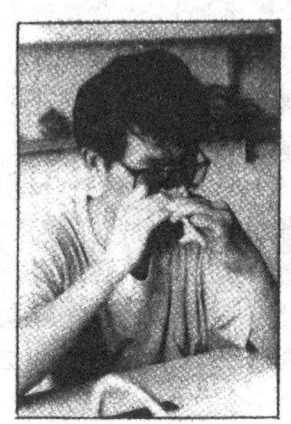

图 3-9　6点钟位置的照明条件　　图 3-10　垂直夹持的观察手法

第四节　净度级别及其判定

钻石的净度级别依其所含有的净度特征的大小、数量、位置及性质所表现出来的可见性来确定。这种划分净度级别的定义，同时也提供了评定样品净度级别的基本依据。

1. 净度级别的划分和说明

（1）无瑕级或 FL 级（Flawless）

无瑕级可理解为既无内含物又无外部特征，其定义是：

专业分级师用十倍放大镜观察不到内含物和外部特征。但允许存在轻微且不影响透明度、不带颜色的内部双晶纹和生长纹，腰棱上允许存在不大于腰厚、不影响圆度或腰棱轮廓的原晶面和额外刻面，以及位于亭部通过冠部观察不到的额外刻面。同样，这些净度特征也将不对更低的净度级别产生影响。

（2）内无瑕级或 IF（Internally Flawless）

该级别的钻石没有可见的内含物，但有外部特征，其定义是：

专业分级师用十倍放大镜观察不到内含物，但可见轻微的外部特征。

与无瑕级的区别在于，前者除了所允许的少量外部特征之外，不再有其它的净度特征。而后者除此之外，还具有其它的外部特征，例如较大的原晶面、通过冠部可见的额外刻面、轻微的表面双晶纹或其它纹理，以及其它轻微的、轻重抛光可以消除且不明显损耗重量的外部特征。通常情况下，内无瑕级钻石所具有的外部特征不能轻重抛光消除，如双晶纹、原晶面、额外刻面等。否则，切磨师或拥有者要进行重抛光，使之升级为无瑕级。

国标 GB/T-16554-1996 中规定的镜下无瑕级（LC），相当于无瑕级与内无瑕级合并在一起的净度级别。

（3）极微内含物级或 VVS 级（Very Very Small Inclusions）

该级别分成两个亚级，VVS_1 和 VVS_2。该级别与内无瑕级的主要区别是，含有少量微小的内含物，其定义是：

含有极小的内含物，专业分级师用十倍放大镜观察极难发现（对于 VVS_1）到很难发现（对于 VVS_2），并且允许有较易看到的外部特征和位于亭部从冠部较易看到的额外刻面和原晶面。

该级别的钻石所具有典型的内含物是，少量浅色的针尖状包裹体、发丝状的微小裂隙、轻微的腰棱胡须。VVS_1 级不允许有从台面中央可见的内含物。

（4）微小内含物级或 VS 级（Very Small Inclusions）

该级别划分成两个亚级，VS_1 和 VS_2，与 VVS 级的区别主要在于含有更大、更多的内含物，其定义是：

含有微小的内含物，专业分级师用十倍放大镜观察困难发现（对于 VS_1）到较困难发现（对于 VS_2），并且允许有易见的外部特征和位于亭部从冠部观察易见的原晶面和额外刻面。

该级别的钻石所含有的典型内含物有：一组在台面范围内可见的针尖状包裹体、微小但比针尖略大的包裹体、云雾体、腰棱上微小的裂隙等。

(5) 小内含物级或 SI 级（Small Inclusions）

该级别也划分成两个亚级，SI_1 和 SI_2 级，其定义是：

含有小内含物，专业分级师用十倍放大镜观察容易看到（对于 SI_1）到很容易看到（对于 SI_2），并且允许有易见的各种外部特征。

该级别的典型特征是，台面下一群浅色的包裹体，腰棱附近深色的包裹体、小的羽裂，位于冠部的较大的额外刻面等。

(6) 中内含物级或 P_1 级

从这一级别开始，内含物明显地比较大，用肉眼直接就可以看见，内含物对钻石的外观产生不利的影响，其定义是：

含有许多内含物，专业分级师用十倍放大镜观察立即可以看见，但肉眼从冠部观察不易看见。

该级别的典型特征是，深色的包裹体、较大的裂隙、面状的云雾体等。外部特征不再作为评定净度的因素。

(7) 大内含物级或 P_2 级

该级别的定义是：

含有大或多的内含物，专业分级师用肉眼从冠部观察能够看见，这些内含物还轻微影响了钻石的明亮度。

该级别的典型特征是，大的深色包裹体、一群浅色的包裹体、较大的裂隙等。

(8) 重内含物级或 P_3 级

该级别是净度等级中最低的级别，其定义是：

含有大而（或）多的内含物，肉眼从冠部观察易于看见，并且对钻石的明亮度产生明显的影响，或者影响到钻石的耐用性。

典型的净度特征是大裂隙、一组裂隙、或者一条可能导致钻石破损的裂隙等。

钻石的净度级别，从最高的 FL 级到最低的 P_3 级，其净度特征的可见性变化很大，从放大镜下不可见到肉眼易见。在这个变化过程中还有一个分界,即从肉眼不可见到肉眼可见。从 VVS_1 到 SI_1,肉眼看不见钻石所含的内含物,也可称为"肉眼洁净",与"镜下洁净"的概念对应。对 SI_2 级别的钻石,若从亭部观察,肉眼可能看见内含物,但是,这些内含物还不至于影响钻石的外观。从 P_1 开始,内含物可从正面用肉眼直接看到,开始影响到钻石的外观。P_3 级别的钻石,不仅外观受到了很大的影响,而且耐用性也会有不同程度的降低。P_3 级别钻石制作的首饰,在佩戴时发生破损的可能性大,常常是导致顾客投诉或抱怨的起因。

2. 净度级别的判定

在净度等级划分的定义中,虽然描述了决定净度等级的主要依据——内含物的大小,但这只是概念性的描述,不具可操作性。定义中可实际操作的说明是内含物的可见性。所以,钻石样品的净度级别,必须依据内含物的可见性,即内含物的大小、数量、位置以及颜色和反差等特征来判定。在某些情况下,还要考虑到内含物对钻石耐用性存在的威胁。

(1) 内含物的大小

内含物越大,越容易看见,净度级别越低。根据研究,参加试验的分级专家用十倍放大镜都能看见 $8~\mu m$ 及以上大小的内含物,部分专家能看见 $6-7~\mu m$ 的内含物,但都看不见 $5~\mu m$ 及以下大小的内含物。这一实验也是 IDC 标准中 $5\mu m$ 规则的基础。

用显微镜测量出内含物的大小,并依此判定钻石的净度级别是 HRD 用来评价钻石净度的一种方法。表 3-6 为 HRD 的净度分级表,从中可以了解到不同净度级别内含物大小的定量概念。但是,定量评价钻石净度的方法,没有得到普遍的接受和支持。

(2) 内含物的数量

内含物的数量越多,净度级别也越低,其可见性也越大。即便是同样大小的内含物,无论是散开分布或集中分布在钻石内,都要比单个或少数几个更容易被发现。

表 3-6 不同净度级别的内含物大小（据 HRD）

净度级别	在台面范围内可见的内含物的大小
FL 和 IF	最大内含物的平均直径不超过 5 μm（不论在何处）
VVS_1	最大内含物的平均直径不超过 12 μm
VVS_2	最大内含物的平均直径不超过 25 μm
VS_1	最大内含物的平均直径不超过 40 μm
VS_2	最大内含物的平均直径不超过 70 μm
SI_1	最大内含物的平均直径不超过 150 μm
SI_2	最大内含物的平均直径不超过 150 μm
P_1	最大内含物的平均直径不超过 0.5 mm
P_2	最大内含物的平均直径不超过 1.5 mm
P_3	最大内含物的平均直径达 3 mm

钻石中的云雾是这一关系的典型。云雾是由微小的、不到 1 μm 大小的气液态包裹体所组成，在显微镜下无法看清单个的包裹体，但是大量的小包裹体聚集在一起，对光线的散射作用大大加强，形成朦胧状的云雾体，使钻石的透明度下降。云雾可使钻石的净度级别降至 P_1。

（3）内含物的位置

内含物位于钻石内不同的位置，可见性不一样。例如，同样大小的内含物位于台面的中央便一眼可见，若分布在腰棱附近就不易被发现。所以，内含物位于不同的位置，导致的净度级别也不同，但是这种影响没有内含物的大小与数量的影响大，往往引起降低一个亚级。例如，VVS_1 不允许有位于台面中央的针尖，若有则应定为 VVS_2。

在面棱顶点的附近及底尖附近区域的内含物，会产生映像。一个内含物经刻面的反射，可形成多个影像，增加了该内含物的可见性，所以对净度的影响更大。

（4）内含物的颜色和反差

同样大小、所处位置也相同的两个内含物，如果颜色不一样，或者表面光泽不一样，其可见性也会不一样。黑色的包裹体，例如铬铁矿，要比浅色的包裹体更醒目。表面光泽强的高亮度包裹体，如硫化物包裹体，也易于发现。所以，深色内含物或高亮度内含物要被判为较低的净度级别。

作为一个例子，如果钻石仅含一个大小仅为 4 μm 内含物，但表面光泽很强，在正常照明下，呈现一个很小的针尖，在十倍放大镜下可见，那么这颗钻石要被判为 VVS_1 级，而不能是 FL 或 IF 级，尽管绝大多数 5 μm 以下的内含物都无法看见。此外，如果该针尖位于台面范围内，这颗钻石还要被判为 VVS_2。

（5）对耐用性的影响

对耐用性有影响的内含物是裂隙。如果裂隙使钻石存在破裂，或者使某一部分有崩落的危险，即使裂隙还没有严重影响钻石的明亮度，也要判为最低的净度级别 P_3 级。

根据净度级别的定义，内含物的可见性是判定净度级别的可操作性依据。上文对可见性的诸多影响因素已作了阐述。但是，在实际分级工作中，内含物的可见性还受到寻找内含物所花费的时间长短而产生的主观印象的影响。虽然，内含物越小，所处的位置越偏，颜色越浅，数量越少，就愈难发现。但是，内含物的发现仍带有一定的偶然性，不能用寻找内含物所花费的时间长短来衡量可见性的大小，从而来判定钻石的净度级别。所以，不论是花了很长或很短的时间，对所发现的内含物，仍然从其大小、数量、位置、颜色等各个方面来分析，以决定钻石的净度等级。

净度级别是依据最明显的净度特征来确定的。如果有一个明显的羽状裂隙，那么钻石中存在的个别针尖包裹体不再对净度级别起作用，除非针尖的数量很多，并产生了明显的可见性，才与羽状裂隙一起作为净度评价的考虑因素。

此外，每一净度级别都是一个范围，同一净度级别的两粒钻石，假如一粒在该净度级别的上部，另一粒在下部，它们的净度特征会有较大的差异。而且，净度级别越低，这种差异也会越大。本章后面的净度等级图版，给出了不同净度级别的例子和说明，目的是使初学者加深对各种净度级别的了解，而不是作为划分净度级别的标准图版。

3. 外部特征的作用

净度级别以内含物为基础。是否在净度评价时考虑外部特征的作用，不同的钻石分级标准有不同的规定。有些标准不把外部特征作为净度特征评价，例如德国 RAL 560A5E 的标准就是如此。但是，这并不意味着这些"缺陷"就放任不管，而是放在切工中评价。IDC 钻石分级标准对 LC 级别的外部特征也是如此处理。所以，外部特征在所有的 4C 分级标准中都是影响钻石品质的因素。那么，外部特征到底应放在何处进行评价呢？这个问题实际上已经有了答案，绝大多数的钻石分级标准都把外部特征作为净度特征对待。这种处理的合理性是，许多类型的外部特征并不是切磨造成的，甚至也不能经切磨消除，而且放在切工中评价将非常繁杂，远不如在净度评价时一并处理来的简洁和方便。也就是说，这种处理方法从理论和实践上都有合理性。

但是，外部特征如何起作用？与内含物同等看待，还是有所区别？却是许多钻石分级标准或者有关钻石分级论著没有阐明的实质性问题。本节在净度级别划分的定义中，综合了 GIA 和 IDC 净度分级规则中有关外部特征的内容和笔者的经验，补充了各净度级别的外部特征条件，用以作为实际应用的依据。表 3-7 汇总了这些内容，并作了进一步的说明，以利于在净度评价中应用。

此外，有个别的外部特征，如抛光痕和灼烧小面，虽然作为外部特征的种类，但是不作为净度特征，在净度评价中不作考虑，而是在切工评价中专门做抛光等级的评定。这样规定，也是为了避免对同一现象的重复评价，而违背不重复评价的基本原则。

表 3-7 外部特征的评价

原晶面和额外刻面	表面纹理（生长纹和双晶纹）	表面磨损	对净度评价的影响
十倍放大镜下难见，并且从冠部一侧不可见	十倍放大镜下不可见或难见	十倍放大镜下不可见或难见	不影响
十倍放大镜下从冠部一侧较难见	十倍放大镜下较难见	十倍放大镜下较难见	FL 级下降为 IF 级，对 IF 级以下没有影响
十倍放大镜下从冠部一侧可见	十倍放大镜下可见	十倍放大镜下可见	净度级别不高于 VVS_1 级，VVS_1 级将降为 VVS_2 级，对 VVS_2 级以下没有影响
十倍放大镜下从冠部一侧易见	十倍放大镜下易见	十倍放大镜下易见	净度级别不再高于 VS_1 级，严重时可定为 SI_2 级，但不可低至 P_1

第五节 净度分级实践中常见的问题

在净度分级实践中会遇到许多问题，需依靠所掌握的知识和平时的经验积累，根据实际情况进行分析解决。下面是一些最常见的问题。

1. 镊子影像

由于镊子夹着钻石，各种琢型的钻石都会对镊子产生映像。镊子所夹持的位置附近区域，经常为镊子的影子所占据，很难看清楚被镊子影像掩盖范围内的内含物情况。解决这一问题的最好办法是换一个夹持位置，让原被夹持的位置充分暴露出来，例如被放置到"6点钟"的位置后再进行观察。

此外，镊子头部锯齿影像，还可能被映射到钻石中的其它区域，即不在夹持的位置上，看起来很象羽状裂隙。但从镊子所具有的金属光泽的特征和锯齿的形状还是可以识别。并且，如变换一个观察角度，镊子影像就会发生变化甚至消失，如果是羽状体则不会发生如此明显的变化。

2. 刻面对内含物的映像

如果内含物位于几个相邻的刻面之间某一合适的位置上，例如在一面棱的下方，就会被相邻的刻面反射或折射，观察时会看到多个内含物的像。尤其当内含物靠近底尖位置，会形成所谓的"环状映像"。环状映像具有几何对称，每一个内含物的像又完全一样，不至于误认。当这种环状映像从冠部一侧可见时，会极大地增加内含物的可见性，导致净度级别的下降。另一方面，映像也可用来区别内含物与表面灰尘。

3. 花式钻石的观察

观察花式钻的净度特征，比观察标准圆钻更困难。原因是圆钻的对称性好，每一部分的刻面反射形式是相同的，容易掌握，而花式钻不同部位刻面的反射形式不一。尖端部位，如马眼形、水滴形和心形等琢型的尖端，反射作用更为强烈，不易观察。即便是祖母绿或阶梯状琢型的花式钻，其腰棱附近也是相当不好观察的区域。对于花式钻，要更加细心，从更多角度进行观察。

4. 区别内含物和表面灰尘

在较高净度的情况下，必须区别出表面灰尘和针点状内含物，不然，净度级别的判定可能发生相当大的错误。即使钻石在观察之前已被彻底地清洗干净，仍然要遇到这一难题。因为，在观察过程中，仍会不断有尘埃落到钻石上。解决的办法有：

①用棉签、毛刷等工具清除灰尘。但是，如果这些工具本身不够干净，就达不到清除的目的。

②使用清洗液。把擦拭过的钻石浸入干净的清洗液中搅拌，取

出后不待清洗液蒸发，立即进行观察。这时清洗液均匀地覆盖在钻石的表面，并减弱了表面反光，更有利于观察钻石的内部。

③用各种观察技巧来区别表面灰尘和内含物。可用的观察技巧有：反射光观察法、平面对焦法、摆动观察法等。但这些方法只能在表面灰尘极少的情况下使用，并且需要更多的经验，往往不如方法②简便有效。

5. 处理钻石的净度分级

为了提高钻石的净度或改善钻石的外观，目前常用激光钻孔和裂隙充填两种处理方法。对经过这两种方法处理的钻石，在净度评价时要区别对待。

（1）激光钻孔处理钻石净度分级

激光钻孔的识别特征是呈白色的管道和与之连通的、在表面上的激光孔入口。激光钻孔是为了消除钻石内部深色的内含物，通常从邻近深色内含物的表面用激光烧出一个通道到达该包裹体，用强酸沸煮溶去深色包裹体。被除去的深色包裹体会留下白色的空穴。评价时，激光管道及白色空穴都作为内含物看待，参与净度级别的评定，同时还要在分级证书中注明经过激光钻孔处理。

钻石经激光处理一般不会提高净度级别，但能改善钻石的外观，使之更易于销售。

（2）裂隙充填处理钻石净度分级

裂隙充填是近十年来发展起来的一项以改善钻石净度为目的处理方法。其原理是在钻石的开放性裂隙中充填折光率极高的材料，如高折射率的玻璃，使原有的裂隙隐现，外观净度会提高一到三级。被处理的钻石多是 P_1 以下的级别。由于这种处理的隐蔽性极强，充填以后的净度与处理之前差异很大，而且不易估计原来净度的等级。所以，目前国内外的钻石分级标准都规定不对这种处理的钻石作 4C 分级评价。

裂隙充填处理钻石最明显的识别特征是闪光效应，即被充填的裂隙呈现紫色、蓝色、绿色、黄色、红色等色彩，色彩的深浅不一，多为浅色，并沿裂隙展布，与钻石刻面闪烁的火彩不同。此外，经充填的钻石整个带有朦胧的色调。所以说经充填之后，颜色也会有所改变，也不能做色级评价。

第六节 净度级别图版与简要说明

本小节的净度级别图版采用净度素描图，而没有采用照像，原因是照像的景深有限，在清楚地表示出主要净度特征的同时，往往无法同时表现出远离焦平面的次要净度特征，例如外部特征。更为重要的是，钻石的净度级别是经过从不同方向观察之后的综合判断，而照像只能得到一个方向（冠部正面或亭部正面）的图象。所以，净度素描图比照像更准确地反映钻石的净度级别，虽然不能实况地表示净度特征。

许多人都希望有一套标准的净度级别图版（或样石），以作为实际工作的参考。但是，同一净度级别可能出现的净度特征类型和组合过于多样，无论多少幅图版也无法全面地表达。所以，本图版并不是"标准"，也不会有净度级别的标准图版（或样石）。归纳本图版的目的，只是通过图形进一步讲解本章的相关内容。

无瑕级（FL） 　　　　　内无瑕级（IF）

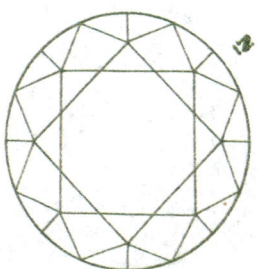 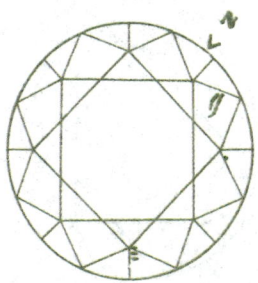

腰棱上有一小的原晶面　　　腰棱上小的内凹原晶面、表面及面棱上的划痕与磨损

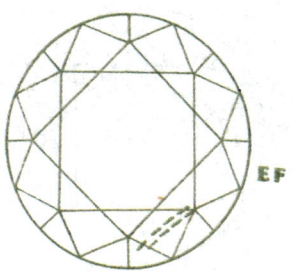 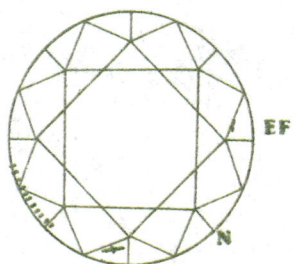

表面生长纹和位于亭部从冠部观察不到的额外刻面　　　冠部上的小额外刻面和小原晶面、粗糙的腰棱及划痕

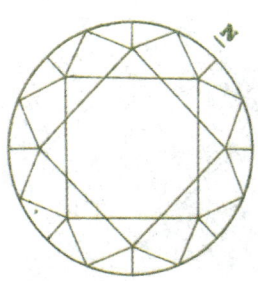 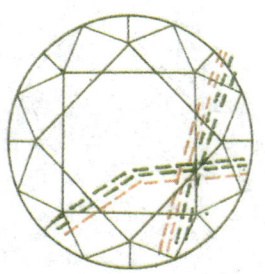

无色的内部纹理和一小的原晶面　　　较明显的内部和表面生长纹

极微内含物级1亚级（VVS$_1$）

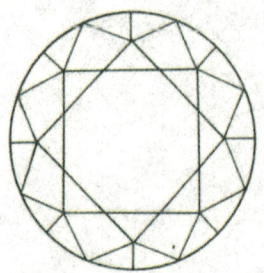

上主小面下的一组针尖决定
了净度

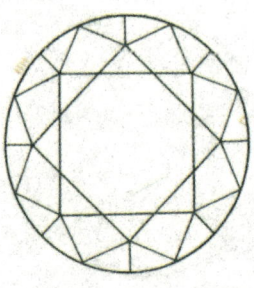

净度由小腰棱凹角、腰棱胡须
决定

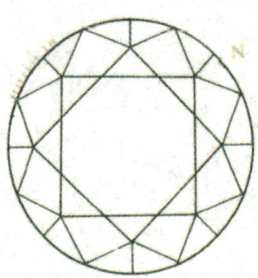

从冠部可见的小内凹原晶面
和腰棱胡须决定了净度

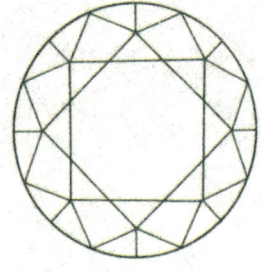

一组在台面边缘的针尖决定
了净度

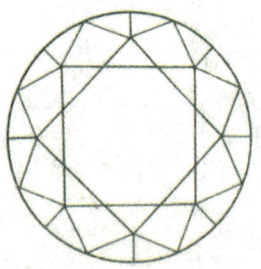

虽然有原晶面和棱面磨损，但
程度轻微不影响净度

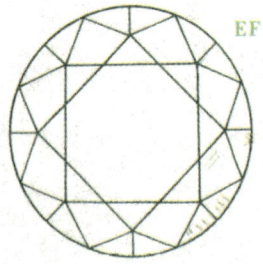

腰棱胡须、从冠部一侧明显可
见的额外刻面决定了净度

极微内含物级2亚级（VVS₂）

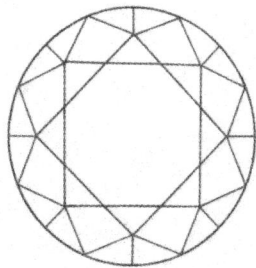

位于台面中央的针尖决定了净度

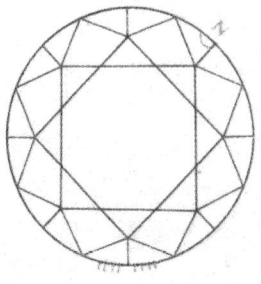

上主小面下的针尖、内凹原晶面和腰棱胡须决定了净度

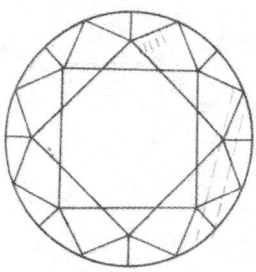

星小面下的针尖和明显的表面生长纹等决定了净度

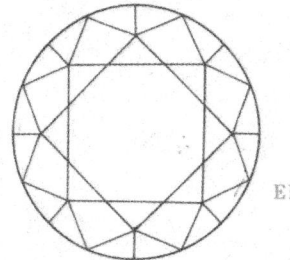

较大的额外刻面影响了净度的评定

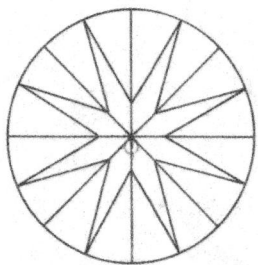

底尖的小破口决定了净度，如果破口明显，还可能低至SI₁

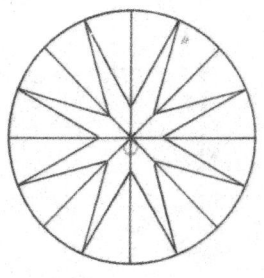

挨着腰棱从冠部一侧不可见的小裂隙决定了净度

微小内含物级1亚级（VS₁）

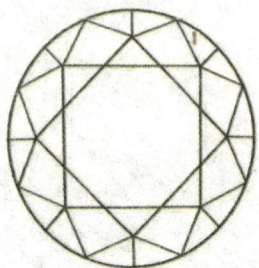

腰棱上稍大的羽状体决定了净度

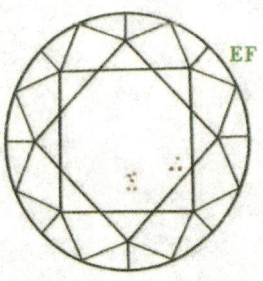

台面内的一组针尖和冠部上明显的额外刻面决定了净度

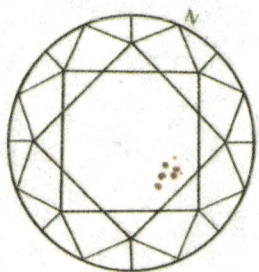

台面内一组浅色的比针尖稍大的包裹体决定了净度

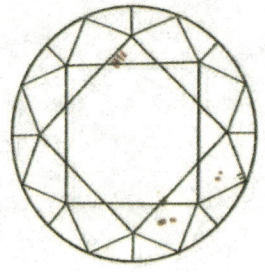

台面边缘的一组浅色的微小包裹体决定了净度

腰棱上的小凹角和腰棱胡须决定了净度

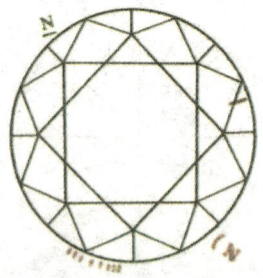

腰棱上稍大的羽裂和内凹的原晶面决定了净度

微小内含物级2亚级（VS₂）

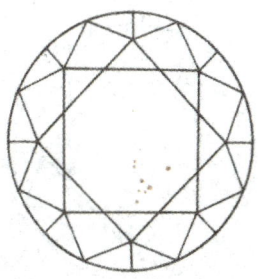

台面内的一组针尖和稍大的浅色包体决定了净度

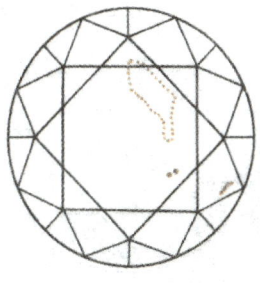

腰棱附近的微小羽状体和台面内的云雾决定了净度

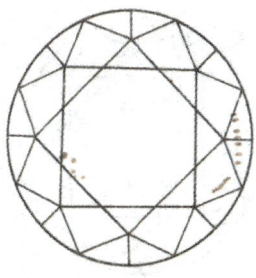

台面内微小浅色包体、冠部上的微小羽状体决定了净度

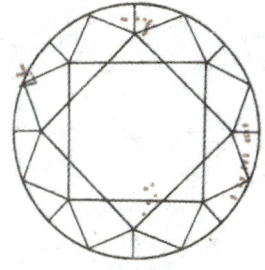

腰棱上的微小羽状体、凹角等决定了净度

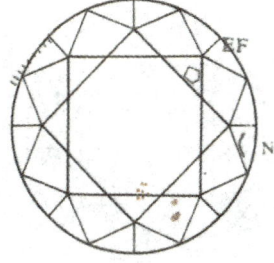

针尖和稍大的包体以及明显的额外刻面决定了净度

针尖、浅色微小包体、腰棱胡须和大量的生长纹决定了净度

小内含物级1亚级（SI$_1$）

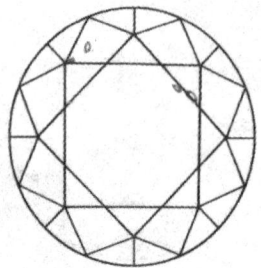

冠部各处的小内含物决定了净度

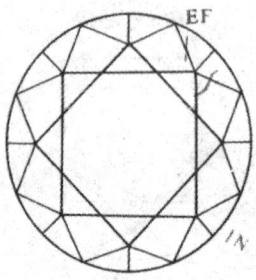

位于上主小面的小羽裂决定了净度

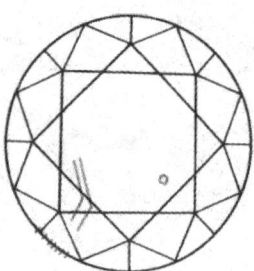

台面内的浅色小包体、带色生长纹等决定了净度

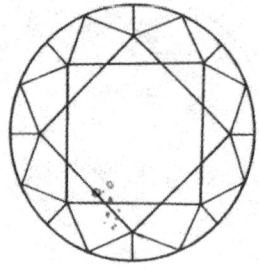

一组浅色的在台面边缘的小包体决定了净度

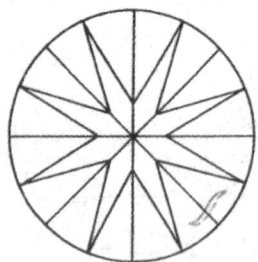

在亭部，从冠部一侧可见的小羽裂决定了净度

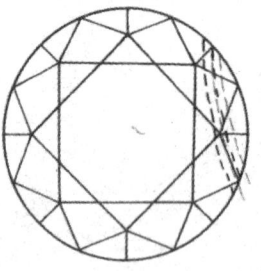

因底尖破损形成的小裂隙决定了净度

小内含物级2亚级（SI$_2$）

台面内的一组小包体决定了净度

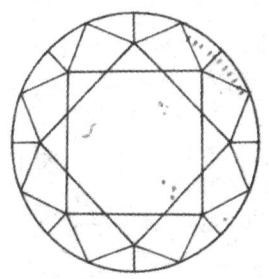

未示出的遍及整个钻石并严重影响了透明度的云雾和少量的内含物决定了净度

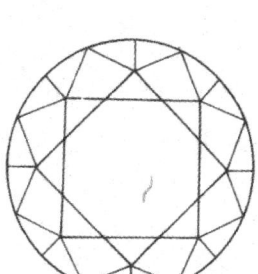

台面范围内，在亭部底尖附近的小羽裂决定了净度

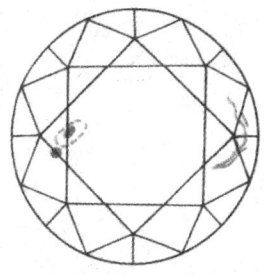

小羽裂和台面边缘的包体决定了净度

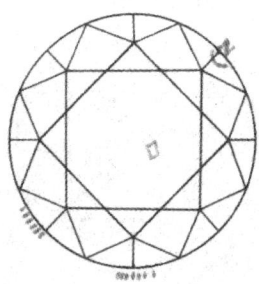

台面中央的浅色内含物决定了净度

虽然有较多的各种内含物和外部特征，但肉眼仍不可见

中内含物级（P_1）

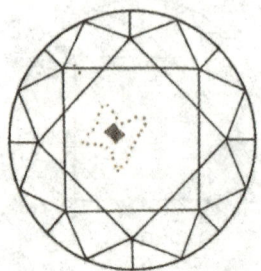

带有云雾的深色内含物决定了净度

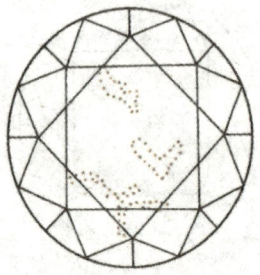

云雾状的羽状体决定了净度

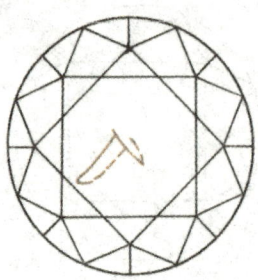

在台面内较大的羽状体决定了净度

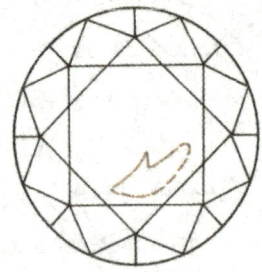

在台面内较大的羽状体决定了净度

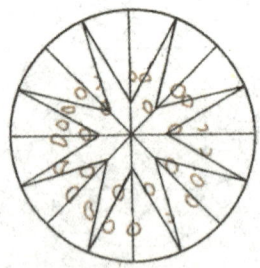

因镜面反射造成内含物的环状映像导致净度下降

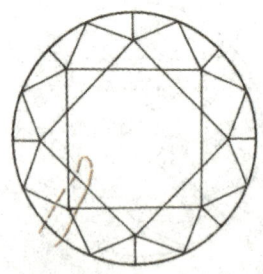

位于亭部较大的羽状体，从冠部一侧肉眼可见，决定了净度

大内含物级（P₂）

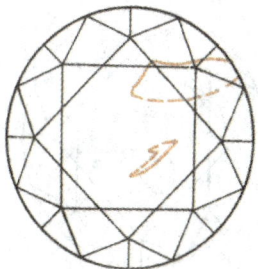

冠部的大羽裂和台面内的解理裂隙决定了净度

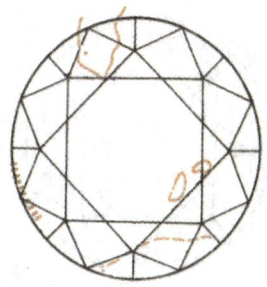

腰棱附近的两羽状裂隙决定了净度

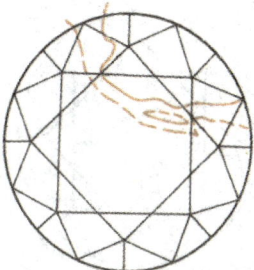

位于亭部的大羽裂决定了净度

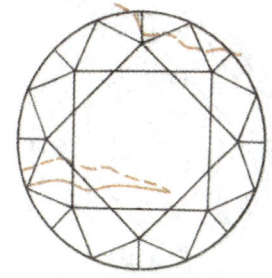

延伸到台面的解理裂隙和腰棱附近的羽裂决定了净度

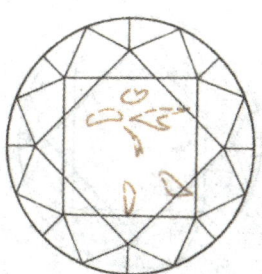

台面内的云雾状裂隙决定了净度

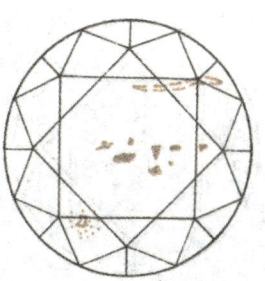

台面内大量的深色包裹体决定了净度

重内含物级（P₃）

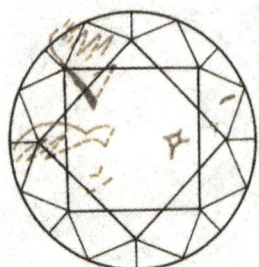

较多的大裂隙决定了净度

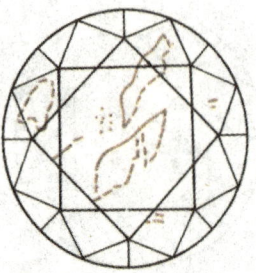

在台面中央对明亮度影响大的裂隙决定了净度

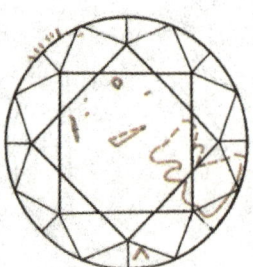

冠部上表现十分明显的羽裂决定了净度

大量的羽状裂隙决定了净度

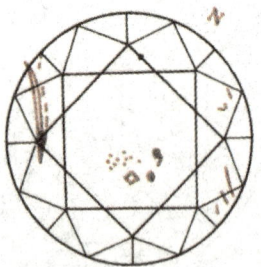

腰棱附近对耐久性产生影响的裂隙决定了净度

特大羽状裂隙决定了净度

第四章 钻石的切工分级

钻石是人类迄今所发现的最坚硬的材料,在15世纪以前,还不能对钻石进行系统的琢磨。从16世纪中叶开始,随着印度钻石沿新发现的航线源源不断输入欧洲,后来是巴西和南非钻矿的惊人发现,致使钻石琢磨工艺成为珠宝业中发展最快、应用新技术最多的方面之一。在钻石的品质评价中,也占有重要的一席之地。但是,切工要素与其它3个要素:重量、净度和颜色有着本质的不同,与钻石的稀有性基本无关,虽然切工的好坏比其它要素更直接地影响到钻石的外观。

历史上,钻石的琢磨工艺,包括钻石琢型的设计,历经变化,使钻石光辉倍增。早期切磨的钻石与现代切磨的钻石主要差异,不仅在于刻面的数量或抛光的质量不同,更重要的是刻面的排列方式不同,或称为琢型不同。现代圆明亮式琢型(也称为标准圆钻琢型),不仅强调匀称分布的小刻面,而且对小刻面的角度、大小和所占据的比例都有要求,从而使切磨好的钻石能最大程度地展现出亮光、火彩和闪烁。

亮光、火彩和闪烁是钻石展示出美丽的基本原因。通常用"明亮度"(Brilliance)来统括这3个要素,并且,往往还含有仅对圆明亮式琢型(Brilliant Cut)而言的含义。实际上,不论什么琢型,其切工的好坏均可在亮光、光彩和闪烁效应的好坏上表现出来。所以,分析影响明亮度的因素,是切工评价所要遵循的基本途径。

第一节 明亮度形成的原理

1. 亮光的形成

亮光分表面亮光和内部亮光两个部分,分别指钻石表面和内部反射出的白光，钻石表面的反射又称光泽。内部的反射，则主要是亭部刻面的全反射，这是钻石亮光的主要组成部分。

(1) 光泽

一束光线照射到钻石的表面，要发生反射和折射，分解成两束光，其中折射光进入钻石内部，反射光返回空气中。反射光的强度与入射光的角度有关，入射角（指入射光与界面法线的夹角）越小，反射光的强度也越小（图4-1和图4-2）。当入射角为0°时，反射

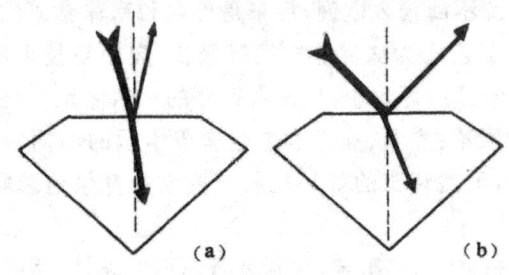

图4-1 钻石的表面反射

(a) 入射角小，反射光强度较小；(b) 入射角大，反射光强度较大

光的强度达到最小，并称为反射率，可用公式 $R=(n-1)^2/(n+1)^2$ 计算。对钻石而言，据其折光率为2.42可算出钻石的反射率为17.23%。据此可以说明，光泽与材料的折光率有关，折光率越高，其反射率也越高，光泽越强。

此外，光泽还受到表面光洁度（抛光程度）的影响。表面不光滑，入射光线会产生漫

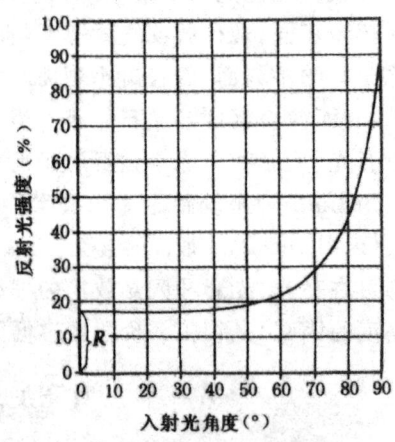

图4-2 反射光强度与入射角的关系

反射，使反射光不能集中在一个方向上，从而光泽减弱。

(2) 全反射

前面提到，一束光线照到钻石的表面后，一部分光为表面反射，另一部分光进入钻石的内部。进入钻石的光线，其传播方向要发生改变，所以称为折射光。折射光的折射角（β）与入射光的入射角（α）之间有下列的关系（图4-3）：

$$\frac{\sin\beta}{\sin\alpha} = \frac{n_0(空气的折光率)}{n_D(钻石的折光率)}$$

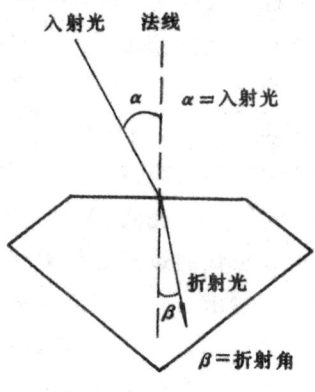

图4-3 折射定律

因为空气的折光率约等于1，所以上述公式可以简化成：

$$\sin\beta = \frac{\sin\alpha}{n_D}$$

这一公式表明，折射角β要小于入射角α。

折射入钻石的折射光继续向前传播投射到钻石亭部的刻面上，与光线从空气中投射到钻石冠部刻面的情况一样，这束光线也要发生反射和折射，并且根据折射定律有（图4-4）：

$$\frac{\sin\beta}{\sin\alpha} = n_D$$

这时折射角β大于入射角α。造成与前面折射角小于入射角不同的原因是，现在的光线是从钻石（折射率较大的介

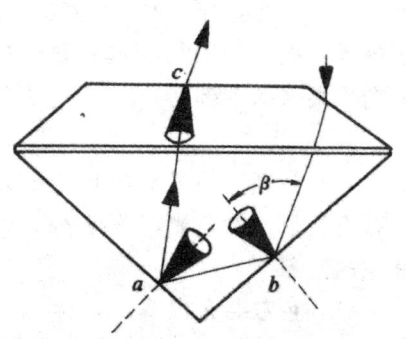

图4-4 钻石的临界角和全反射

钻石的临界角等于24°26′，光线的入射角若大于临界角（图中示出的锥体范围），则发生全反射（a与b的位置），若小于临界角，则发生折射（图中c的位置）

质)折射入空气(折射率较小的介质)。随着入射角 α 的增大,折射角 β 以更快的速度增大。当入射角 α 增大到一定的程度,使折射角正好等于 90°时,入射角 α 若再加大,将没有折射光产生,而且入射光将全被反射,这一现象即所谓的全反射。使折射角 β 正好等于 90°的入射角称为临界角。钻石的临界角等于 24°26′(图 4-4)。

(3) 内部亮光

设法让通过冠部投射到亭部刻面上的光线都发生全反射,并从冠部反射出去,就能产生强烈的亮光。为了达到这一目的,钻石的各个刻面之间必须有适当的角度。不仅要求亭部刻面有正确的角度,而且也要求冠部刻面有正确的角度。

如果亭部刻面的角度不当(图 4-5),无论是太陡或太缓,都会造成漏光,即入射的光线在亭部刻面上发生了折射作用,从亭部逸出钻石,损失了部分的光能。

如果冠部刻面与亭部刻面之间没有正确的配合,即使亭部刻面的角度是正确的,也会造成一部分光线的损失。例如,如果冠部刻面的角度不当,使出射光束在冠部刻面上发生全反射,也要导致亮度的重大损失。所以,只有在钻石的各个刻面都具有正确的角度,才能产生最佳的内部亮光。

2. 火彩

火彩与亮光的区别在于,亮光是钻石反射出的白光,而火彩则是钻石反射出的色光,是与钻石具有较大色散率的物理性质有密切联系的现象。

(1) 色散与色散率

色散是把白光分解成色光的作用。白光是一种多种波长混合在一起的光线。当白光受到介质折射时,每一波长的光线有各自不同的折射率。对于无色透明的材料,波长较长的红光的折射率较小,波长较短的紫光的折射率较大。一种材料的色散作用大小,可以用紫光的折射率值与红光的折射率值的差值来衡量,差值越大,色散作

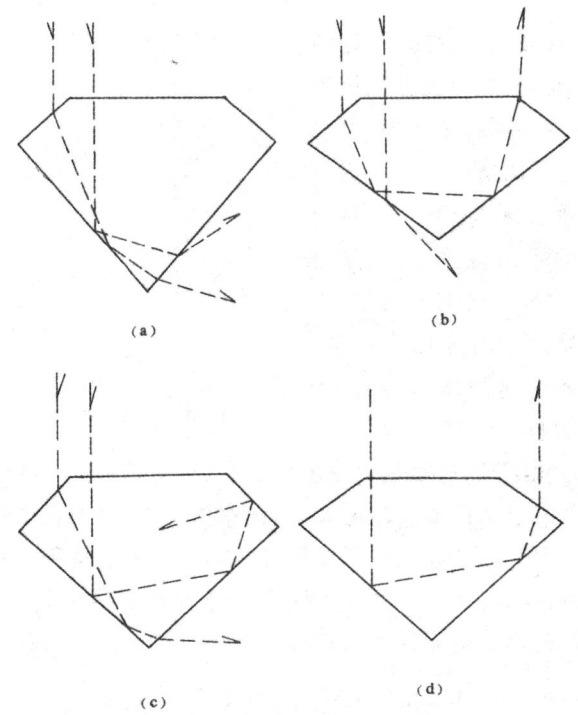

图 4-5 钻石各主要刻面的角度对产生内部亮光的影响
过大的亭部角（a）、过浅的亭部角（b）、不合适的冠角（c）等都会导致漏光，
合适的比例（d）产生好的亮光

用越强，所以把这种差值称为色散率。实际上，色散率是根据特定波长的蓝光（430.8nm）与特定的波长的红光（686.7nm）的折光率差值来表示的。钻石的色散率较大，为 0.044。

（2）火彩的形成

根据钻石的色散率，分析白光中紫光与红光经钻石折射和反射作用的结果，可以了解火彩是如何产生的。

考虑一束白光垂直地照射在钻石的台面上（图 4-6），在台面上，其入射角等于 0，根据折射定律，无论是紫光或是红光的折射角均为0,也就是说白光没发生色散作用。但是,这束白光照到亭部刻面上后,经刻面的全反射,通过冠部的倾斜刻面折射出去。这时白光的入射角不等于0,而且与冠部小面的倾角有关,该倾角越大,这一入射角也将越大。这一入射角也是紫光与红光的入射角,两色光的入射角虽然相等,但由于两色光的折光率值不同,各自

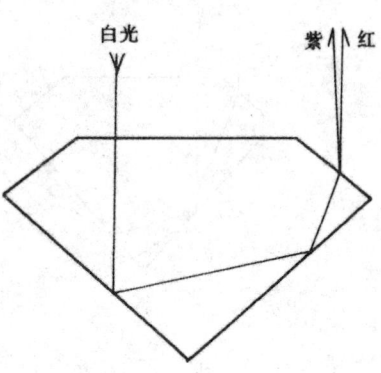

图4-6 产生火彩的主要方式

的折射角也就不同,这就是火彩形成的原因,而且两色光的折射角的差异还随着入射角的增大而增大,色散作用也增强,火彩也越明显。

应用表4-1中的数据,可以计算出不同的入射角所对应的紫光与红光的色散角(见表4-2)。所以,为了得到更强的火彩,就要使光线从钻石冠部小刻面外逸的光线的入射角越接近于临界角越好。

表4-1 不同色光下钻石的折光率

颜色	波长(nm)	折光率(%)
红色	687	2.402
橙红	656	2.408
橙黄	589	2.415
绿色	527	2.423
蓝绿	486	2.433
蓝紫	431	2.456
紫色	397	2.462

表4-2 光线从冠部小刻面逸出时的色散

入射角	色散角
0°	0°
5°	0°19′
10°	0°42′
15°	1°12′
20°	2°13′
23°56′	12°57′
大于24°26′	发生全反射

紫光与红光的入射角相等,色散角等于折射出钻石的紫光与红光之间的夹角

但是,这时可能会产生另一种不利的作用,易于导致其它一部分光线的入射角大于临界角,在冠部刻面上发生全反射,而无法逸出钻

石，造成亮光与火彩的损失。另一方面，垂直投射在钻石冠部的光线，除了穿透台面的光线外，还有的照射在冠部倾斜的小刻面上，这些光线的入射角不等于0，也要发生色散作用（图4-7）。此时光线（白光）的入射角等于冠部角，并且应用折射定律与表4-1中的数据，可以计算出不同的冠部角所对应的蓝紫光与红光的色散角（表4-3）。钻石的冠部角一般在30°—40°之间，不大于40°。从表4-3可看出所产生的色散角不足0.3°。而且，亭部刻面对光线的反射也不会使这一色散角进一步扩大。所以，与冠部小刻面的前一作用相比，这一作用所产生的色散作用要弱很多。

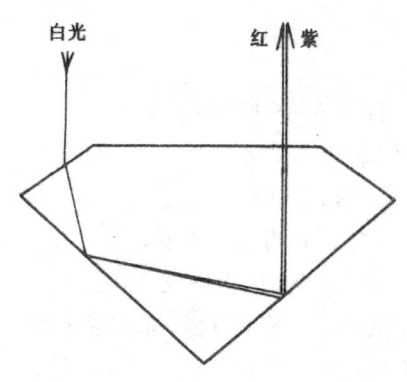

图4-7 产生火彩的另一方式

表4-3 光线从冠部小刻面入射时的色散

冠部角*	色散角
10°	0°04′
20°	0°09′
30°	0°13′
35°	0°15′
40°	0°17′

*冠部刻面与腰棱平面的夹角

根据以上分析，在光线垂直钻石台面照射的前提下，只有冠部小刻面才产生火彩。除了冠部角要影响火彩的强弱外，台面与冠部小刻面的相对大小也是重要的因素。如果台面比例越小，倾斜小刻面所占的面积就越大，火彩亦愈强（图4-8）。但是，火彩增强，亮光就会有所减弱。并且，如果台面小到一定的程度，火彩不再加强，再小下去，不仅亮光受损，而且火彩也要受损。所以，台面也不是越小越好。怎样才算是达到亮光与火彩的平衡，一直是仁者见仁，智

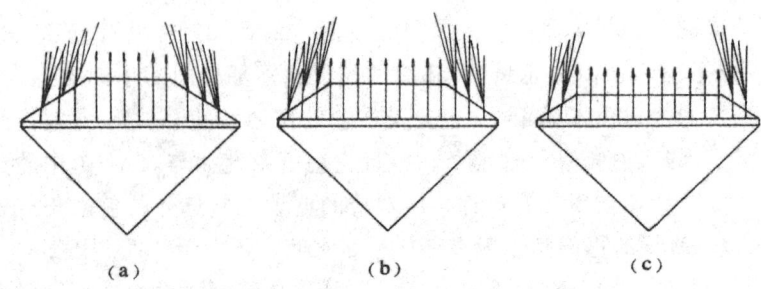

图 4-8 冠部刻面的大小对亮光和火彩的影响
(a) 过小的台面,亮光与火彩都受损;(b) 合适的台面比例,亮光与火彩皆佳;
(c) 过大的台面,火彩不佳

者见智的问题。

3. 闪烁

闪烁是钻石,或是光源移动,或者是观察的角度变化时,钻石的刻面对光源的反射而发生明暗交替变化的现象。

闪烁的效果与刻面的大小、数量有关。如果刻面过小,如1分或1分以下的钻石,磨成标准的57个刻面的明亮式琢型,就会由于刻面过小,肉眼无法分辨出各个刻面而看不出闪烁的效应,反而不如磨成16个刻面的简化琢型的闪烁效应好。另一方面,如果钻石很大,标准的57面琢型就可能显得单调,闪烁效果不足。所以,有些大钻的刻面达到100多个。

此外,刻面的安排和角度也很重要。合理的刻面排列和正确的角度,可使刻面能正确地反射光源的光线,并使观察者能观察到大多数的反光。

最佳的明亮度是现代钻石切磨所追求的目标。影响明亮度效果的主要因素,也是切工评价重点考察的内容,这些因素可概括如下:

①刻面的相对角度和大小,即所谓的比例,是影响明亮度最重要的因素。

②刻面的对称性,是光线按所设计的刻面角度进行反射和折射

的保证。不良的对称性,同样会减弱明亮度。

③刻面的光洁度,即抛光质量。抛光不良,也会严重影响明亮度的展现。

第二节 圆明亮式琢型的比例与评价

1. 圆明亮式琢型

圆明亮式琢型(Round Brilliant Cut),又称为标准明亮式琢型,或简称为明亮式琢型。这种琢型是使用最多的款式。首饰上最常用的小于 3ct 的钻石,有 90% 以上都切磨成这一款式。

圆明亮式琢型由冠部、腰棱和亭部 3 个部分组成。冠部由 1 个正八边形的台面及其周围的 32 个小面所组成,其中 8 个是呈四边形的上主小面(或也称为风筝面),另外 8 个是呈三角形的星小面,其余的 16 个是上腰小面。

亭部有 24 个刻面,其中 8 个是呈尖棱状的下主小面,其余 16 个是下腰小面。亭部还可能有 1 个底小面(图 4-9)。

腰棱实际上是一个很扁的圆柱体,或者说像一个圆盘。该琢型之所以被称为"圆明亮式"就是因为其沿腰棱的截面是一个圆形。所以,该琢型也称为圆钻琢型。切磨成这种琢型的钻石也简称为圆钻。

如果腰棱截面不是圆形,例如是椭圆形、心形、水滴形等,则称为变形明亮式琢型。其它的琢型还有阶梯型、剪刀型等。除圆明亮式琢型以外的其它琢型,可统称为花式琢型(Fancy Cut),并把切磨成这些琢型的钻石简称为花式钻,与圆钻对应。

圆明亮式琢型与其变异琢型和其它花式琢型相比,具有更好的对称性,从而能够均匀地反射出亮光和火彩,具有最大的明亮度。

2. 圆明亮式琢型的比例

圆明亮式琢型的比例是指各部分的长度(或高度)相对于腰棱直径的比例,通常用百分数来表示(图 4-10)。在切工评价中要加以考虑的比例有:台面大小比例、冠部高度比例、亭部深度比例、腰

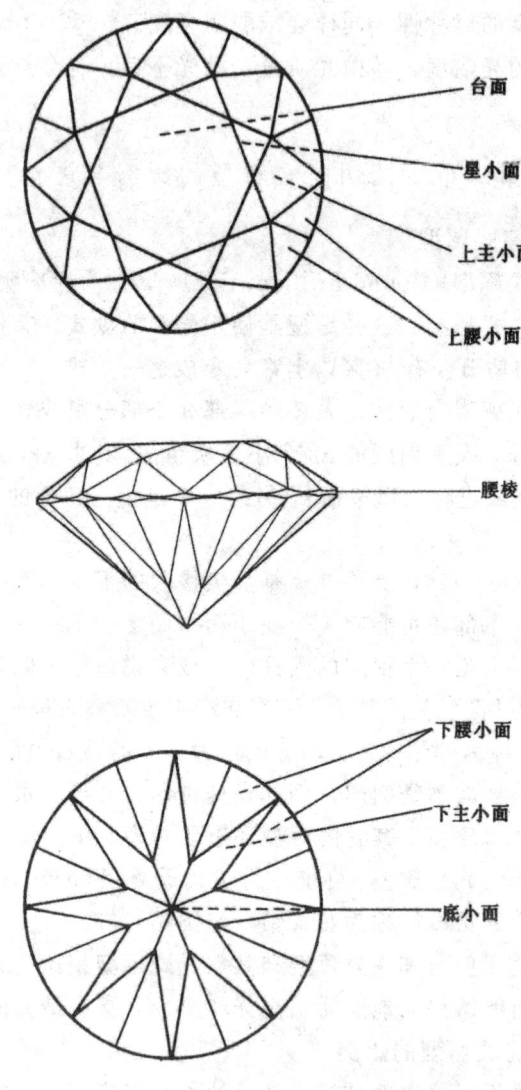

图 4-9 圆明亮式琢型

棱厚度比例和底小面大小比例。

确定各个部分的比例有两个作用,其一是确定了各个部分的相对大小,其二是确定了主要刻面的角度。例如,冠部角可由冠部高度比例和台面大小比例来确定。亭部角只须根据亭深比例即可确定(当有底小面时,还要考虑底小面的影响)。

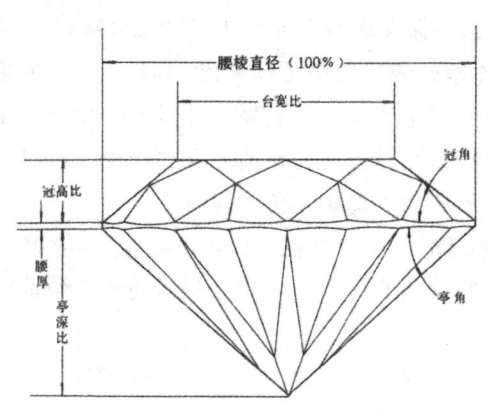

图 4-10 圆明亮式琢型的比例

3. 圆明亮式琢型的最佳比例

钻石的明亮度一方面取决于钻石的光学性质、折光率和色散率,这是固定不变的常数。另一方面,如前所述,取决于切磨的款式和有关的参数。那么,对于圆明亮式琢型是否有一个最佳的刻面排列方式,或最佳的比例呢?

从本世纪初到现在,已经有了不少的研究成果,其中最重要的有,1919 年托尔库斯基(M.Tolkowsky)应用光学原理和数学计算的方式,在其所著的《钻石设计》一书中提出,并被称为"美国理想琢型"的方案。1938 年艾普洛(Eppler)和克鲁帕尔博格(Kluppelberg)测量了当时世界钻石切磨中心阿姆斯特丹和安特维普生产的大量明亮度特好的圆钻,总结出了一套比例参数,并称之为"实际精美琢型"。1972年尤利兹(W.R.Eulitz)也采用计算的方法,得出了一套参数,该参数与艾普洛的"实际精美琢型"是一致的。也可以说,尤利兹从理论上支持了艾普洛的实验归纳得出的结论。

此外,还有亚深(Johnsen)和伦斯(Roesch)在1926年同样用计算方式得出了一套比例,称为理想琢型。斯堪的纳维亚钻石委员会在1967年还提出其"标准琢型",并作为其切工分级标准的评价依据。

从表4-4所列的参数中可以看出,都称为最好的琢型之间差距不小。尤其是美国理想琢型的台宽比比其它的琢型都小。到底何种比例最好?这种讨论并没有得出有意义的结论。所以,不少分级师干脆不对圆钻的比例做优劣评价。例如,当今颇有名气的GIA宝石商业实验室和CIBJO在世界各地的认可实验室,在其钻石分级报告中,不评价圆钻比例的优劣,尽管比例对明亮度的重要影响是众所周知的事实。

表4-4　圆明亮式琢型最佳比例的研究结果

名　称	美国理想琢型 (1919)	理想琢型 (1926)	实际精美琢型 (1939)	闪光琢型 (1951)	标准琢型 (1969)	最佳琢佳 (1972)
台宽比(%)	53.0	56.1	56.0	55.9	57.5	56.50
冠高比(%)	16.2	19.2	14.4	10.5	14.6	14.45
冠角(°)	34.5	41.1	33.2	25.5	34.5	33.36
亭深比(%)	43.1	40.0	43.2	43.4	43.1	43.15
亭角(°)	40.75	38.7	40.8	40.9	40.75	40.48

4. 比例评价的标准

圆钻的最佳比例虽然没有取得一致的意见,但是,对差的比例却有共识。例如,"鱼眼石"、"块状石"都是不好比例的典型例子。在CIBJO标准中对这些不良的比例要在备注中说明。同时,IDC钻石分级标准、Scan.D.N.钻石分级标准以及国标GB/T-16554-1996的钻石分级标准,都有对比例评价的具体要求(表4-5)。即使是美国宝石学院(GIA),在其钻石分级课程中,也强调比例的重要性,并且对其优劣作了划分,分成 4 个级别(表 4-6)。并认为,第一级别的圆钻有最好的明亮度。第二级别的圆钻的明亮度也很好,非专家看不出与第一级别的差异。第三级别的圆钻的许多比例是为了保留重量而采用的,明亮度受到了影响。第四级别的圆钻的比例偏差极大,可以容易地看出其不良的光学效果。国标 BG/T-16554-1996 的比例标准与 IDC 的相似,不同之处仅在于不再划分出差的级别,也可以说是最为宽松的比例标准。实际上,以这一标准衡量,只要切磨师不是刻意保留重量,所切磨的圆钻都能达到优良级别的比例要求。

表 4-5 圆钻比例评价标准(据国标 GB/T 16554-2003 修改)

	中—差**	良	优	良	中—差*
台宽比(%)	≤50	51—52	53—66	67—70	≥71
冠角(°)	≤26.9	27—30.6	30.7—37.7	37.8—40.6	≥40.7
腰厚	极薄	很薄	薄—中	厚	很厚
[腰厚比(%)]*	(0—0.5)	(1—1.5)	(2—4.1)	(5—7.5)	(≥8)
亭深比(%)	≤39.5	40—41	41.5—4.5	45.5—46.5	≥47
底尖			无—小	中—大	很大
[底尖比(%)]*			(<2)	(2—4)	(>4)

* 百分比数值仅适用于 1ct 大小的圆钻;
** 当大多数指标偏离中等的数值或个别的指标偏离中等数值达 3% 以上时为差

表 4-6 GIA 圆钻比例分级标准(据 GIA 钻石分级课程)

等级	1	2	3	4
台宽比(%)	53—60	61—64	65—75 或 51—52	>70 或 <51
冠角(°)	34—35	32—34	30—32 或 37	<30 或 >37
腰厚	中—稍厚	薄或厚	很薄或很厚	极薄或极厚
亭深比(%)	43	42 或 44	41 或 45—46	<41 或 >46
底尖	无—中	稍大	大	很大

从商业角度看,比例评价有 3 个方面的意义。

首先,是钻石出品率的问题。如果钻石严格按比例切磨,对很多类型的原石来说,所损失的重量就比较大。某些情况下,有巨大的经济利益。例如,对一颗原石,如果按优等的比例切磨时,可获得 0.94ct 的重量。假若加大腰棱厚度,再把冠角和亭深加大,就可能得到 1ct 重的钻石。而 0.94ct 的圆钻价格假定是每克拉 16 000 元,1ct 的圆钻价格将为 22 000 元,那么 0.94ct 重的钻石售价为 0.94×16 000=15 040 元,两者之差为 6 960 元,增值超过 40%,相当于把钻石的色级或净度等级提高了 2—3 级的效果。

其次,切工比例标准的钻石,不仅要多磨掉钻石原石,而且还要花更多的时间进行抛磨,在加工费用上也较比例不好的钻石为高。

最后,在正确的比例下,1ct 钻石的腰围直径可达 6.4—6.5mm,而比例差的 1ct 钻石的腰围直径可能只有 6mm,甚至更小。也就是说,花一样多的钱买一颗较"小"的钻石。

第三节 确定圆钻比例的方法 I——目视法

目视法是使用十倍放大镜直接估测圆钻的各部分比例,如同净度分级一样快捷。掌握这一方法的意义是显而易见的。本节所阐述的各种具体的方法和步骤,有助于达到这一目的。

1. 台宽比的评定

目估台面直径的百分比(简称台宽比)有两种常用的方法:

(1)直接估测法

台面直径定义为正八边形的内对角线。如果能直接估计出内对角线的一半所占腰棱半径的比例,即等同于台面直径与腰棱直径的比例。这就是直接估测法的原理。

估测时,视线要垂直于圆钻的台面,把底尖、台面与上主小面的接点,以及上主小面与腰棱的接点,即图 4-11 中的 A、B、C 3 点,用一想象的直线连结起来,然后估计台面半径(即 AB 线段)占整个腰棱半径(即 AC 线段)的百分比。图 4-12 给出两段比例不同时的感觉及分析的方法。依此可以最直观、最简便地确定出台面大小的比例。

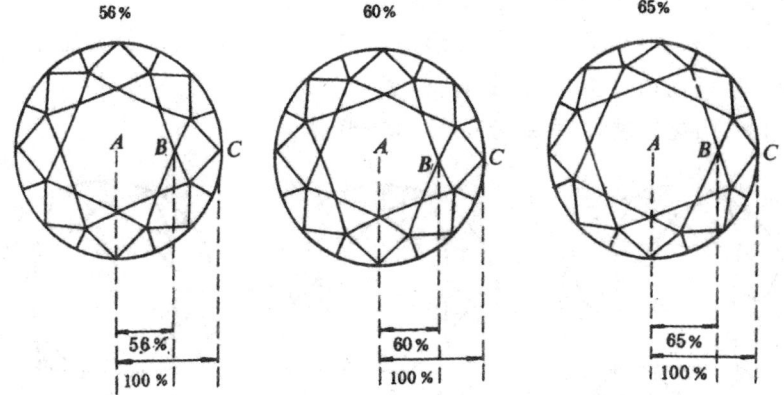

图 4-11 台宽比估测的直接法

50%	两段相等
55%	两段差别不明显
60%	一段明显比另一段长
65%	两段很明显地不等长
70%	短的不到整个线段的三分之一

图 4-12 线段比例的估测法

在实验中会遇到的问题是,如果圆钻的对称性较差,台面或底尖偏离中心,如何进行估测?对台面偏心情况,可以选择相对没有偏移或偏移较小的方向,即与偏心方向大致垂直的方向进行估测。对底尖偏心的情况,可通过摆动圆钻,使底尖移至腰围中心(台面中心)再进行估测。

(2)弧度法

圆钻的台面与 8 个星小面组成两个相互重叠的"正方形"。可以依据"正方形"的某一条边的形状来确定台面大小的百分比。

当台宽比为60%,正方形的边是平直的时,如果台宽比小于60%,则向内弯折;若大于60%,则向外拱起。明显内弯时,大致为54%;明显外拱时,大致为66%,参见图4-13。

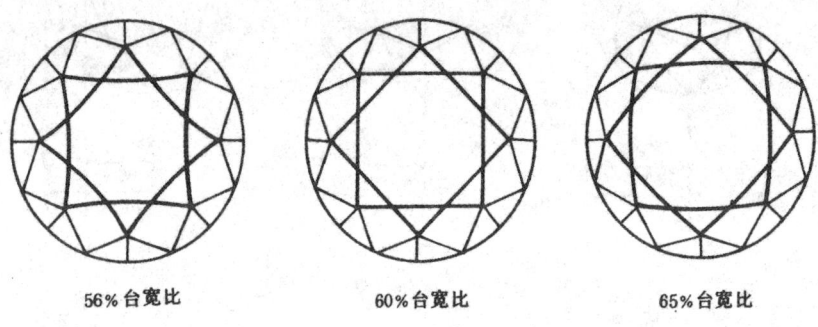

56%台宽比　　　　　　60%台宽比　　　　　　65%台宽比

图4-13　不同台宽比圆钻的"弧度"变化

但是,应用这一方法时,必须注意,如果星小面与上腰小面不等大,如图4-14所示,则要进行修正,否则将会得出错误的结论。例

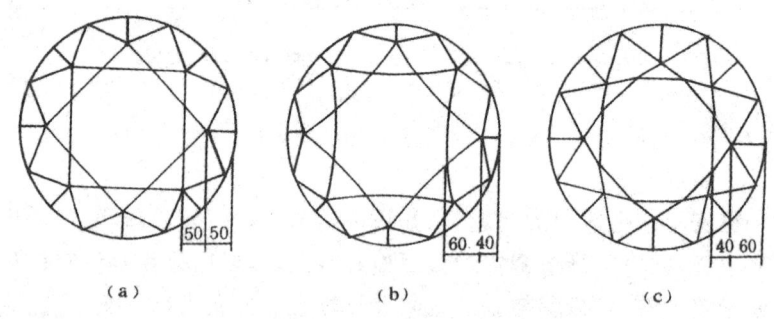

(a)　　　　　　　　(b)　　　　　　　　(c)

图4-14　星小面与上腰小面对弧度法的影响

(a)、(b)、(c)台宽比相等,但(b)与(c)因星小面与上腰小面不等长而产生弧度

如,图4-14所示的3个具有明显不同弧度的"正方形"的台面,其

台宽比是一样的。其中，4-14（b）图明显内弯是由于星小面大于上腰小面，4-14（c）图明显外拱是由于星小面小于上腰小面。所以，在使用弧度法时，一定要对星小面和上腰小面进行观察比较。当两者不等大时，根据两者的相对大小进行修正：

①如果星小面比上腰小面大1倍，则对所估计的百分比加6%。

②如果星小面比上腰小面大0.5倍，则对所估计的百分比加3%。

③如果星小面比上腰小面小0.5倍，则对所估计的百分比减3%。

④如果星小面比上腰小面小1倍，则对所估计的百分比减6%。

⑤如果星小面与上腰小面的大小比例介于上述的比例之间，则可采用内插法，取1%—5%的数值。

此外，由于星小面大小不均匀，或台面偏移中心等对称性上的缺陷，造成"正方形"不同的边具有不同的弧度。遇到这种情况，可采用对不同拱曲程度的边分别估测出相应的台宽比后，进行平均，以平均值作为台宽比。

如果观察时的视线不垂直于台面，不正好位于台面的中央（这时底尖在视域的中心），也会造成上述现象的假象。

实际经验表明，直接估测法是更好的方法，而弧度法则不值得采用。图4-15的冠部投影图可作为读者目估台宽比的练习。

2. 冠部角的评定

冠部角（或简称冠角）是上主小面与腰棱平面的夹角，有两种常用的目测评定法：

（1）冠角正视估测法

冠角正视法是垂直地透过台面和上主小面观察下主小面的轮廓在经过台面与上主小面界线后的连续程度来估计冠角的大小。连续程度可以根据下主小面的影像被台面边线截断位置上的宽度〔如图4-16（a）中的 B〕与下主小面的影像与上主小面边线相交的位置上

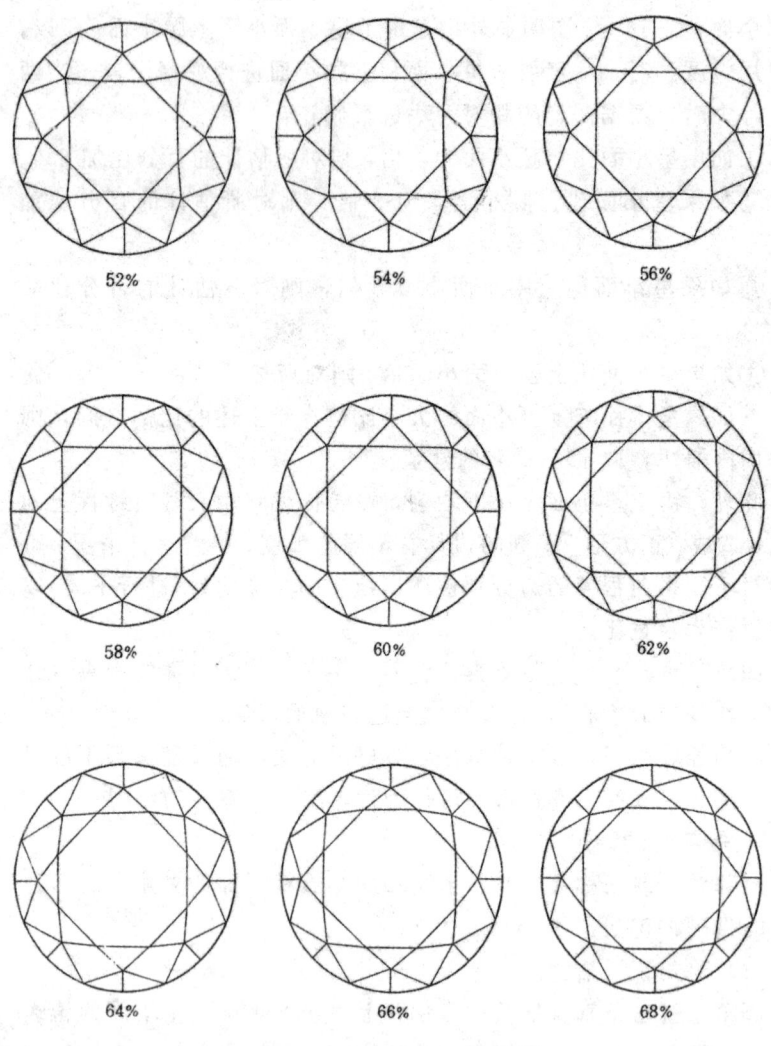

图 4-15 不同台宽比的圆钻冠部投影图

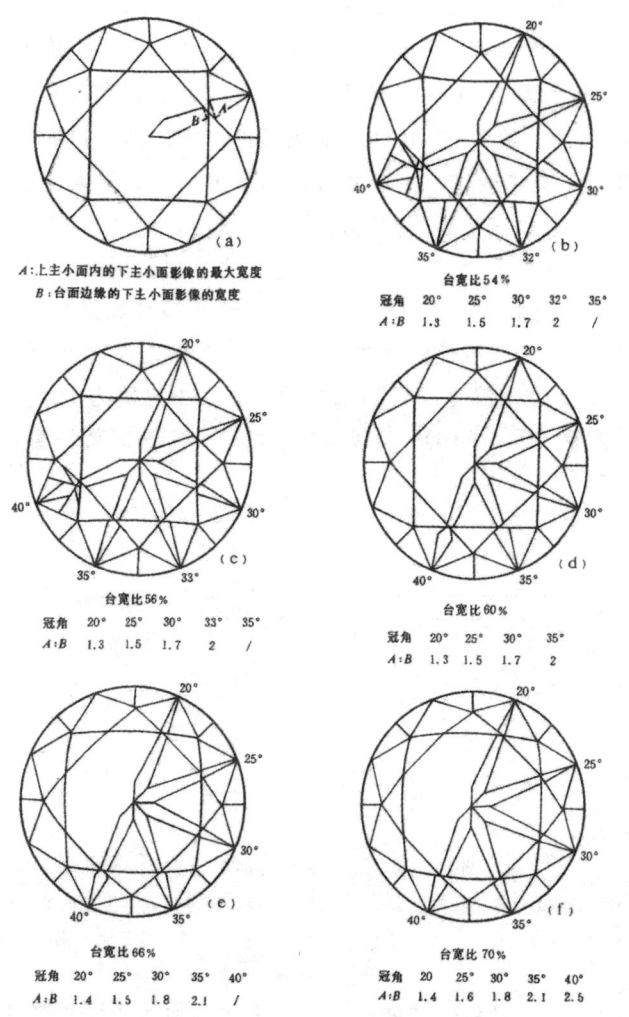

图 4-16 正视法评估圆钻的冠角

的宽度〔图 4-16（a）中的 A〕的差异来决定。冠部角越小，A 与 B 的差异也越小，下主小面的影像也越连续；冠部角越大，则越不连续。例如，冠部角在 25°时，A 与 B 几乎相等，下主小面似乎是连续的。当冠部角为 30°时，A 大约是 B 的 1.2 倍。当冠部角达到 34.5°时，A 的宽度大致为 B 的 2 倍。如果冠部角增大到一定的程度，A 要减小，但是，这时透过上主小面看到的下主小面的影像成梭标状，并称为脱节现象。这是因为冠角越大，上主小面越陡，它对光线的偏折越强，使垂直于台面方向的光线经上主小面折射后，更偏向亭部的底尖位置（图 4-17）。基于同样的光学原理，如果台面越小，或亭部越深，视线就越偏向底尖。例如，当台面大小比例为 53%，冠角仅在 34.5°时，就可以看到相当于台面大小比例为 60%、冠角为 39°时的图象（图 4-16）。所以，在应用这一方法时要注意台宽比大小的影响。

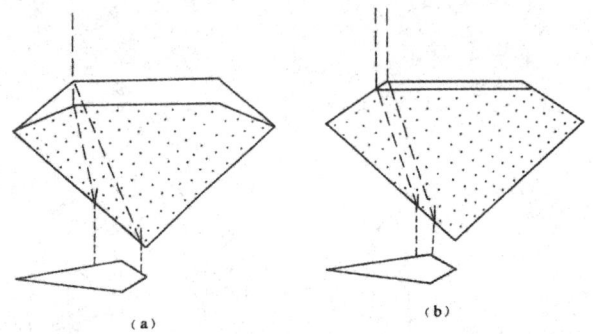

图 4-17 冠角正视法原理示意图
（a）冠角越大视线越向底尖偏移，通过上主小面越易见下主小面的全貌；
（b）台面越小视线越向底尖偏移，通过上主小面越易见下主小面的全貌

其次，由于对称性的缺陷，各个上主小面的角度可能会有所不同，因而有必要多观察和估测几个冠角的数值，取其平均值。

对称性缺陷还会引起下主小面与上主小面的错位，这时下主小

面的影像会偏离台面正八边形的角顶,并且与透过上主小面观察的下主小面影像错开,使得比较两边的宽度或大小较为困难(图4-18)。

(2)冠角侧视估测法

冠角侧视法是在十倍放大镜下从侧面观察圆钻,估计上主小面与腰棱平面所形成的角度。为了便于估测,夹持钻石要用一定的方式:把钻石台面朝下平放在工作台上,镊子垂直向下夹住钻石的腰棱,并且要夹在下主小面

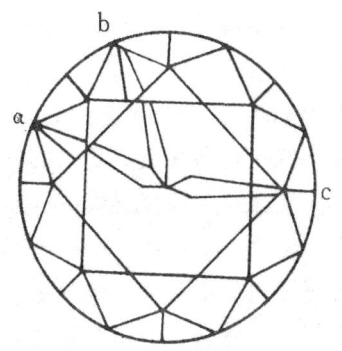

图4-18 对称不佳时出现的情况 a 与 b 可以依下主小面的连续性判断冠角,而 c 下主小面错位过大,不能评估,只能用侧视法

与腰棱相交的位置上,这个位置也是上主小面与腰棱相接触的位置,然后反转过来,让钻石台面朝上,这时镊子与腰棱平面成90°,上主小面正好形成圆钻侧面轮廓的边(图4-19)。分析上主小面与腰圆形成的角度在整个90°角中的位置,是三分之一,或是小于三分之一,或是大于三分之一,大多少,小多少,均在30°角的基础上加减角度,给出准确的估测值。

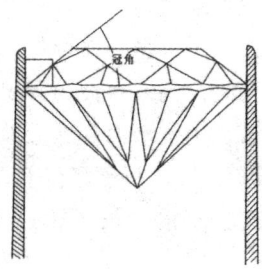 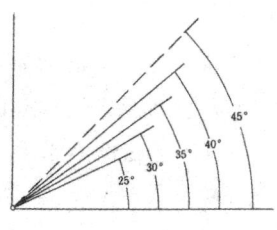

图4-19 侧视法评估冠角和角度的估计法

为了增强对角度判断的能力,图4-19画出了不同的角度,可作练习。直角的一半是45°,三分之一是30°。最佳冠角为34.5°左右,稍大于30°,即稍大于直角的三分之一。提高对角度评估的准确度,必须多练习,多实践。目估的准确度可以达到1°—2°。

在实践中有可能遇到的问题是,上主小面不在圆钻侧面的轮廓线上,这时有两种解决的办法。其一是放下钻石,重新夹持钻石,只要稍稍变换镊子夹持的位置就可以解决。第二种方法是,假想有一条直线连接腰棱与台面的边缘,估测该假想直线与腰棱所形成的角度,作为冠角的近似值。

3. 亭深比的评定

亭深比是所有比例参数中目测最准确的一种。利用台面经亭部刻面反射所形成的影像的大小,可以准确地判断亭部深度的百分比,根据亭深比与亭部角的关系,也能得出亭部角的数值(表4-7)。

表4-7 亭深比例与亭部角的关系

亭深(%)	30	40	41	42	43	44	45	46	47	48	49	50
亭角(°)	38.0	38.7	39.4	40.0	40.7	41.4	42.0	42.6	43.2	43.8	44.4	45.0

(1) 台面影像法

台面影像法是在十倍放大镜下,垂直地通过台面观察亭部反影中的台面影像,并比较影像与台面的大小,根据台面影像的半径占据台面半径的百分比,来确定亭部深度的比例。台面的影像随着亭深加大而扩大,当亭深比例在40%—42%时,台面影像大致占台面半径的25%;当亭深比例为43%时,接近30%;当亭深比例为44%,台面影像占台面半径的40%等等,呈有规律的增长(图4-20和表4-8)。

掌握这一方法的关键是认识台面影像。一旦认识了台面影像,稍加练习即可得心应手。图4-20(c)是亭深比为43%时,对称性良

表4-8　台影比与亭深比的关系

台影比（%）	10	20	30	40	50	60	70	80	90	100
亭深比（%）	41	42	43	44	45	46	47	48	49	50

好的圆钻所显示的台面影像的特征，台面影像外围有呈三角形的星小面黑影围绕着，如同一朵莲花。台面影像本身则较明亮。随着亭部加深，台面影像扩大，星小面黑影也扩大，而被上腰小面所分割，形成了小分叉状，如图4-20（e），被分割后的星小面黑影在下主小面上形成了"黑领结"，围绕着台面影像，形同向日葵。同样台面影像比较明亮。亭部进一步加深，台面影像扩展得更大，星小面黑影也进一步外推、扩大，分叉情况加重，变得不易辨认。尤其是当圆钻的对称性有缺陷时，星小面的分叉状黑影分布不对称，形成对称欠佳的菊花状（图4-21），并且台面影像的灰度在这种亭深比例时也已加深，所以识别台面影像的边界就有一定的困难。解决这一问题最好的办法是，沿着下主小面寻找"黑领结"，黑领结所在的位置就是台面影像的位置，并据此估计台面影像所占台面半径的百分数。在观察寻找"黑领结"时，要稍微地左右摆动钻石，尤其是对称性不好的圆钻，在摆动过程中才能发现"黑领结"。

寻找台面影像还要注意，当亭深小，比例在40%左右时，台面影像很小，仅占据底尖附近，不易看到。如果亭深比在39%及以下时，就完全看不到台面的影像，这种亭部较浅的圆钻，不仅产生漏光现象，而且还要出现"鱼眼"，即在台面范围内可看到腰棱的映像（图4-22），或者稍稍倾斜圆钻，即可看到紧挨着台面边缘的腰棱映像。另一方面，亭深大，比例在48%及以上时，这种亭深的圆钻也发生漏光，在十倍放大镜下观察，整个台面范围呈灰暗状的阴影，并称为"黑底"或"块状石"〔图4-20（h）、（i）〕，几乎看不到台面反映的形象，这时要注意不要与亭部过浅的情况混淆。一种简便地区别"鱼眼"与"黑底"的方法是随后介绍的亭深侧视估测法。

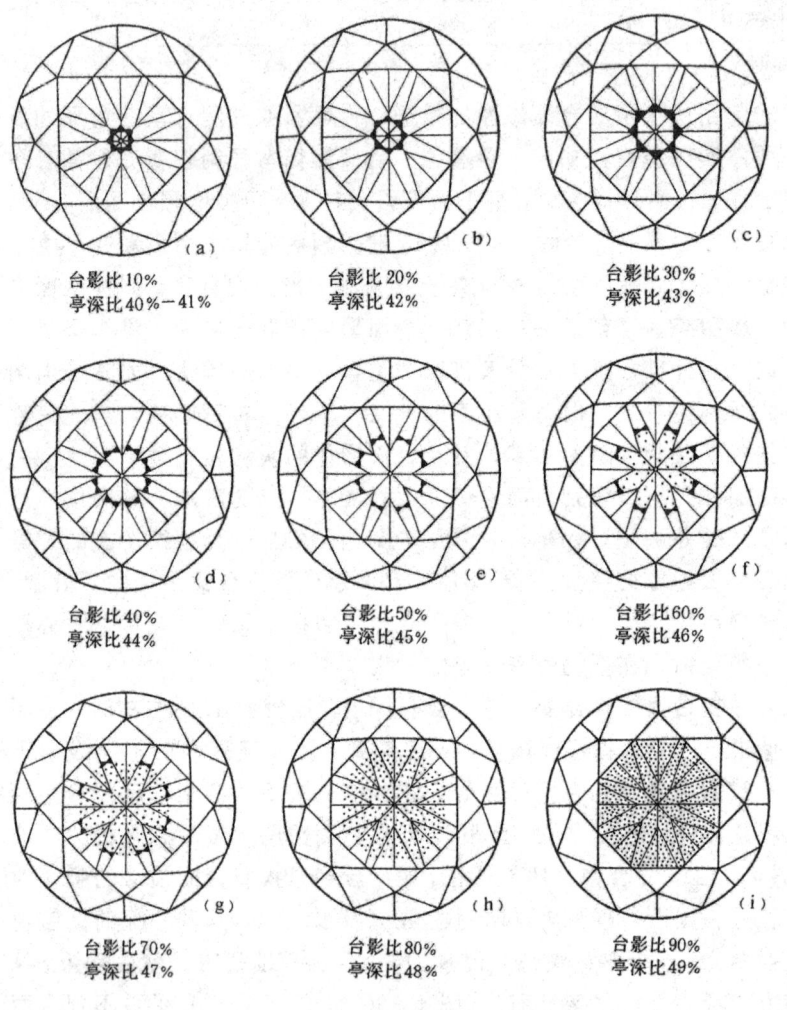

图 4-20 台面影像大小与亭深比的关系

图 4-21 菊花状的台面影像

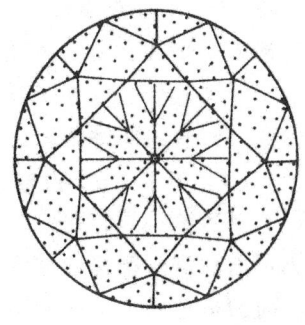
图 4-22 "鱼眼"现象

(2) 正视法估测亭深的修正

如果想提高估测亭深的准确度,那么就必须知道,台面影像所占据的台面半径的比例不仅随亭深的变化(虽然亭深是最主要的影响因素)而变化,而且还随台宽比变化(尽管只是次要的,且往往被忽视)而变化。实际上,如果台面过大(大于66%),在亭深又相对较浅(小于45%)时,估测会出现较大的误差,最大可达1.5%。此时,根据台面影像估测的亭深比实际的亭深要大一些,表4-9给出了这种情况下的修正值。

表 4-9 亭深修正值

估测亭深(%)		42	43	44	45	46	47	48	49
台宽比(%)	70.0	−2	−2	−2	−2	−1	−1	−1	−1
	67.5	−1.5	−1.5	−1.5	−1.5	−1	−1	−1	−0.5
	65.0	−1.5	−1	−1	−1	−1	−1	−0.5	
	62.5	−1	−1	−1	−1	−1	−0.5		
	60.0	−0.5	−0.5	−0.5	−0.5	−0.5	−0.5		
	57.5		−0.5	−0.5	−0.5	−0.5	−0.5		

注:如果腰厚为厚或很厚,可以修正或不修正亭深值

表 4-8 的使用方法是，如果已知台宽比的比例（例如用前面介绍过的方法估测获得），根据观察到的台面影像，按图 4-19 估测相应的亭深比。从表 4-9 中查出在上述台宽比和亭深比下的修正亭深百分数，计算出实际亭深比。例如，已估测得台宽比为 67％，亭深比为 44％，查表 4-9 得修正值为 -1，实际的亭深为 44％-1％=43％。最后，如果存在底小面，也要做相应的修正。根据底小面的大小，把估测的亭深值减去底小面大小百分比的一半，或者说减掉底小面的半径。底小面大小百分比的获得请参见后面的底小面评价一节。

(3) 亭深侧视法

在十倍放大镜下，从侧面平行于腰棱平面方向观察圆钻，可以看到腰棱经亭部刻面反射后形成的两条（或一条）亮带。克鲁帕尔博格（Kluppelberg）博士最早（1940 年）发现亮带的位置与两亮带之间的距离与亭部角或亭部深度有联系。从底尖到最近的一条亮带的间距（h_1）与该亮带到另一条亮带的间距（h_2）的比值越大，亭深也越大。并且，当亭深很浅时，如小于 40％，h_1 消失，只剩下一条亮带。亭深很大时，两条亮带很明显，而且 h_1 与 h_2 比值很大（图 4-23）。根据这一现象，很容易区别具有很浅与很深亭部的圆钻。

观察时也许会发现，亮带本身的宽度或明亮度或形态因不同的钻石样品而不同。这是因为，不同的钻石会有不同状况的腰棱，有的薄，有的厚，有的抛光，有的粗糙。而亮带是腰棱的映像，所以也会有各自的特征。

4. 腰棱厚度的评定

腰棱厚度对圆钻明亮度的影响比较小。从理论上说，腰棱越薄越好，因腰棱越厚产生的漏光也会越多（图 4-24），而且还易于集聚脏物，影响钻石的颜色。但是，腰棱也不可过薄，使之不能抵御外力，比如钻石镶嵌所受的压力，而易于产生破损。最佳的腰厚是刚刚厚到足够抵御外力的程度。为了减少漏光，又不影响耐用性，较

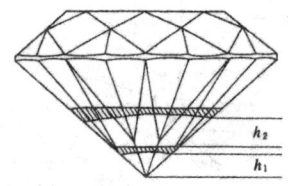

两阴影带为腰棱的映像，在实际观察中呈白色亮带，h_1 为底尖到第一条亮带的间距，h_1 的大小与亭深比（亭角）有关

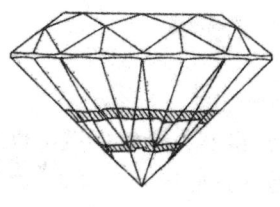

圆钻的亭深比（亭角）大时（如 46%），h_1 明显，h_1 与 h_2 的比值也大

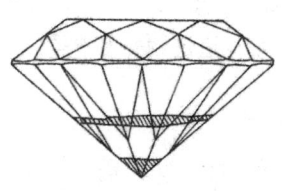

圆钻的亭深比较小时（如 41%），第一条亮带不明显，往往就在底尖上，h_1 也非常小

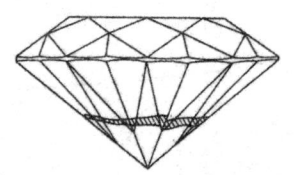

圆钻的亭深比更小时（小于 40%），第一条亮带消失，通常预示将出现"鱼眼"现象

图 4-23 亭深比侧视估计法

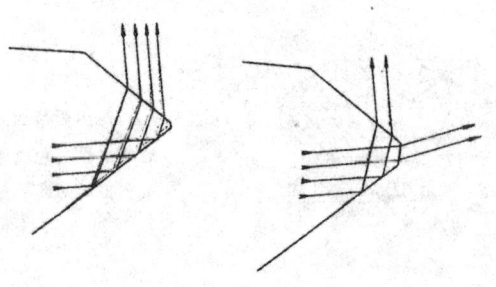

图 4-24 腰棱漏光

腰棱越厚,从腰部逸出的光线越多

大的钻石往往对腰棱进行抛光。

评价腰棱厚度的方法以目测为主。虽然在分级标准中也列出腰厚的百分比。但是这些数值是以 1ct 大小的钻石为标准的。如果钻石更大,则腰厚的百分比就要减小,如图 4-25 所示。如果比例固定,那么钻石越大,腰棱的实际厚度就越大,超过耐用性的要求,并产生更多的漏光。

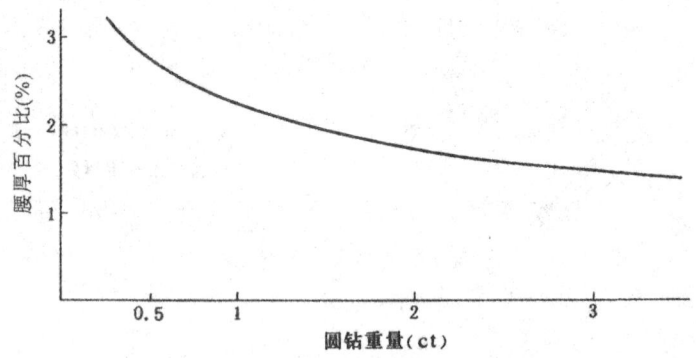

图 4-25 腰厚比与圆钻大小的关系

圆钻越大,腰厚比的数值减小,最佳腰厚比是变化的腰棱由两条波浪线围成，分别是冠部刻面、亭部刻面与腰棱圆柱面相交而形成的，在上、下主小面尖端相对的位置上最宽，上、下腰小面中央相对的位置上最窄。由于腰棱厚度要求的重要一面是机械强度，所以用腰棱最窄处的厚度当作腰棱厚度（图4-26），并作为评价的对象。实际的钻石，腰棱的厚度往往不均匀，在某一位置上可能很薄，在另一位置上却可能很厚。但是，在证书上评价的厚度，并不指某一特定位置上的腰棱厚度，而是代表该钻石的腰棱厚度，所以应该是平均厚度。在实际操作中，要观察腰棱一周，注意整个腰棱中以什么样厚度为主，以此作为该钻石的腰棱厚度。对所存在的各处腰厚不一的现象，则归为对称性缺陷，在修饰中进行考虑和评价。对存在"刀口"，即某一位置上极薄的腰棱的现象，可以酌情在备注中说明，以提醒镶嵌师给予注意。

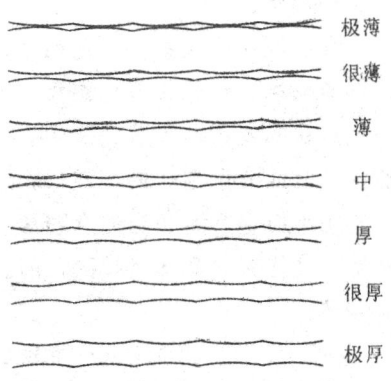

图4-26 腰棱厚度等级图示
（用十倍放大镜观察）

极薄：呈刀刃状；很薄：细的线状；薄：窄的宽度；中：清晰的宽度；厚：明显的宽度；很厚：不悦目的宽度；极厚：非常不悦目的宽度

在评价时，把钻石侧夹，或者台面与底小面相对夹持，视线平行于腰棱平面，用十倍放大镜观察。根据表4-10的有关说明和图4-26的图示，把腰棱厚度划分为极薄、很薄、薄、中等、厚、很厚和极厚。

5. 底小面大小的评定

底小面是圆钻中最小的一个刻面，与台面平行，对钻石的明亮度影响较小。但是，如果底小面过大，正面入射到底小面的光线，基本上都要漏出钻石。所以，从正面观察呈一黑暗的小窗，对外观有不良的影响。

切磨底小面的目的，显然不是为了增加明亮度，而是为了保护亭部的尖端。现代钻石切磨流行的方法是不切磨底小面，而是留下一个点状的底尖。点状的底尖有可能受损，受损之后形成一个较大的白点，或者呈白色的小破口，对钻石也很不利。因而，保留一个小的底小面也具有相当的合理性。但是，底小面必须达到既不影响外观，又能保护亭部尖端的目的。这种底小面应在肉眼下不可见或很难见。

表 4-10 腰棱厚度的划分与定义

腰棱厚度 术 语	级别*	百分比** （%）	实际厚度 （mm）	描 述 定 义	
				十倍放大镜	肉 眼
极薄（刀口）	中	<0.5	<0.035	呈刀刃状	不可见
很薄	良好	0.5—1.5	<0.10	细的线状	几乎不可见
薄	优	1.5—2.5	<0.20	窄的宽度	难见
中等	优	3—4.5	<0.30	清晰的宽度	细线状
厚	良好	5—7.5	<0.50	明显的宽度	窄的宽度
很厚	中	8—10	<0.75	不悦目的宽度	清晰的宽度
极厚	差	>10	>0.80	非常不悦目的宽度	明显的宽度

* 该级别是圆钻比例标准中对腰棱厚度的分级；

** 百分比仅适用于1ct大小的圆钻

底小面按大小划分成点状、很小、小、中、大、很大等6个级别。确定底小面属于哪一级别有两种方法，一种是按相对腰棱直径的比例确定，采用这种方法时，与腰棱厚度的情况相似，同种等级的底小面（例如小的底小面）的百分比数值随着钻石的大小而变化，这种相对性的指标，对底小面大小的评定（以及对腰棱厚度的评定）颇为麻烦；另一种方法是估计底小面的实际大小，即通过台面，在十倍放大镜下观察底小面，根据底小面的可见性来评估底小面大小和级别。表4-11给出了关于各种大小底小面的特征与参数，图4-27给出了形象的说明。

表4-11 底小面大小的划分与定义

底小面大小	比例级别	百分比*（%）	绝对直径（mm）	描述定义	
				十倍放大镜下	肉眼
点状	优	<0.5	<0.04	呈小白点	不可见
很小	优	<2	<0.12	很难分辨轮廓	不可见
小	优	<2.8	0.13—0.18	可见八边形轮廓	不可见
中	好	<4	0.19—0.24	可见八边形的小面	可见但看不出轮廓
大	中	<6	0.25—0.38	底小面明显	可见八边形
很大	差	>6	>0.38	底小面很明显	易见八边形

*适用于1ct大小的圆钻

切工比例优秀的圆钻，要求具有点状到小的底小面。但点状的底小面，较易于受损，受损后的底尖成不规则的小破损面，并且能漫反射光线，通过台面观察呈白色的小破口。遇到这种情况，不要在比例中评价，而是视为净度特征，当作破口，根据其受损的程度，当作内部特征或者外部特征，在净度评价中加以考虑。

在钻石分级证书中，有时还见到"粗糙底小面"或"未抛光底小面"等评注，这是分别指未经抛光或抛光极差的底小面或者受到磨损的底小面。这些特征同样不是比例评价的内容，而在钻石的抛光或损伤等方面评价时给予考虑。

6. 小 结

仅借助于十倍放大镜，目测评估钻石各项比例的数值，并依此评价比例的优劣，乍听起来似乎是一项非常艰难的工作，不知要经过多少训练才能做到。其实，一旦认识了要评估的内容和所要观察的现象之后，就有了达到目标的途径。只要不停留在理论上，着手观察钻石，并加以评估，那么技艺就会日益精湛，不必太久即能达到专家的水准。此外，参加钻石4C分级技能的培训班，也是快速掌握技术的良方。珠宝学院经常开设这种为时两周的班次。

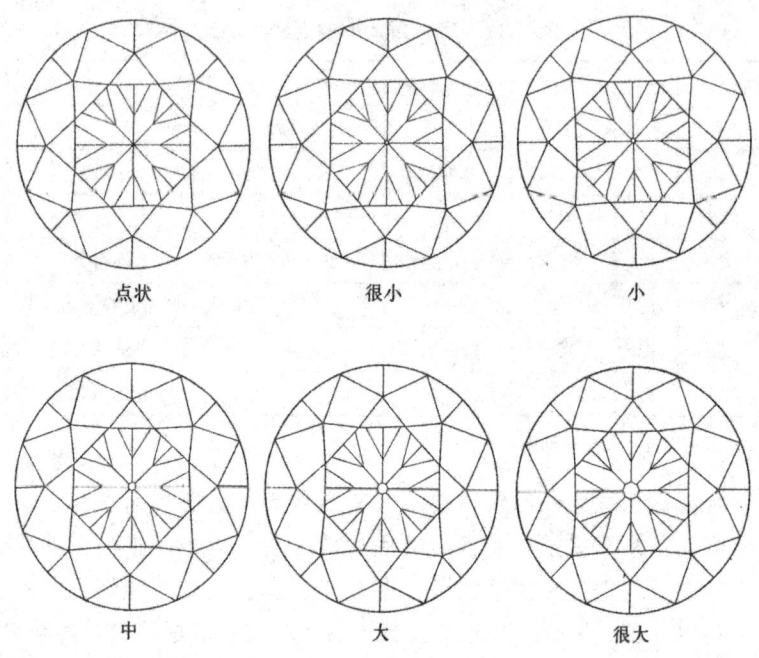

图 4-27 底小面的大小（十倍放大镜下观察）

圆钻比例主要有5项参数，即台面百分比、冠部角大小、亭部深度百分比、腰棱厚度和底小面大小。在圆钻的比例评价标准中，还给出了其它的参数及指标，例如冠部高度百分比、亭部角度和全深百分比。但是，这些参数都可以从前5项参数中求得。例如冠高比可据冠角与台宽比求得（表4-12），亭部角则与亭深比相关（表4-7），全深比则主要是冠高比与亭深比之和。而且，全深比可以相当方便地用直接测量的方法获得。所以，本节所介绍的5项参数，即可唯一地确定圆钻的轮廓的几何形态，达到了对圆钻比例评价的目的。

估测这5项参数各有不同的方法，综合应用这些方法，将有可能更准确地估测各项参数：

①台宽比,使用直接估测法,误差可小于2%。
②冠部角,使用正视法和侧视法,误差可在2°范围之内。
③亭深比,使用亭深正视法,辅以亭深侧视法,误差可小于1%。

表4-12 冠高百分比与冠角及台宽比的关系

冠高比(%)		台宽比(%)								
		52	54	56	58	60	62	64	66	68	70
冠角	26°	11.7	11.2	10.7	10.2	9.8	9.3	8.8	8.3	7.8	7.3
	28°	12.8	12.2	11.7	11.2	10.6	10.1	9.6	9.0	8.5	8.0
	30°	13.8	13.3	12.7	12.1	11.5	11.0	10.4	9.8	9.2	8.7
	32°	15.0	14.4	13.7	13.1	12.5	11.9	11.2	10.6	10.0	9.4
	34°	16.2	15.5	14.8	14.2	13.5	12.8	12.1	11.5	10.8	10.1
	36°	17.4	16.7	16.0	15.2	14.5	13.8	13.0	12.4	11.6	10.9
	38°	18.8	18.0	17.2	16.4	15.6	14.8	14.1	13.3	12.5	11.7
	40°	20.1	19.3	18.5	17.6	16.8	15.9	15.1	14.3	13.4	12.6

第四节 圆钻的修饰度及其评价

修饰度(Finish)包含两项内容:对称性和抛光。其中,对称性的好坏虽然对圆钻明亮度的影响不如比例那么明显,但是,对称性偏差会破坏圆钻几何图案的均匀性和美感,反映出加工工艺技术和切磨师的水平。优良的对称性,意味着对明亮度完美的体现,并反映了切磨师花费的精力和时间较多。品质差的钻石,很少有优良的对称性,因为,切磨师的注意力总是放在品质高的钻石上。如果把对称性差的圆钻,通过重新切磨来修正所存在的对称性偏差,不仅要花费加工时间和其它的耗费,而且还会带来钻石重量的损失。这也是进行对称性评价非常重要的原因之一。

圆钻的任何一个部分,甚至任何一个刻面都可能偏离对称性,造成对称性缺陷。其中有些对称性偏差的危害性较大,另一些则相对较小,并依此划分成两部分。

1. 重要对称性特征

(1) 腰棱圆度偏差

圆钻的腰棱截面应该是一个圆,但由于切磨的偏差,使得腰棱截面不是正圆形,即产生偏差,这种现象也可简称为腰棱不圆。在目视评价时,镊子平行夹持在圆钻的腰棱上,在十倍放大镜下,视线垂直地通过台面,并使底尖位于视域的中心。人的眼睛对圆度十分敏感,能觉察出小至 0.5%的圆度偏离。但是,在钻石分级中,腰棱的圆度偏离在 2%以内都属于正常的误差范围。当圆度偏离达到 2%或更大时,才作为对称性缺陷看待。图 4-28 展示不同偏离度的圆形。由于圆度偏离的形式很多,这些图示仅供参考。

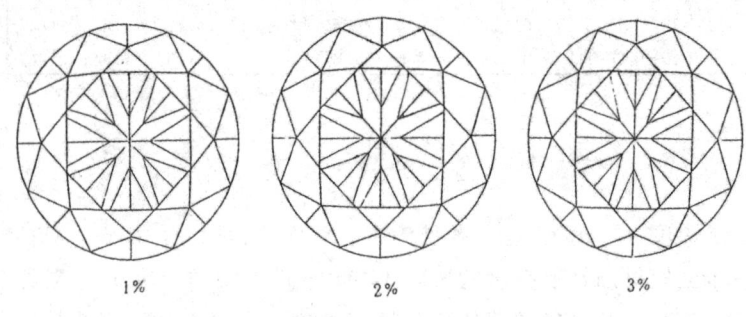

图 4-28 不同的偏圆度

在实际分级中,目视评价圆度是把握性相对较小的一种操作。重要的原因是,许多初学者很难把握视线与台面垂直并通过底尖的要求。不过,圆度可以方便地从直接测量获得。只要多测量几个腰棱直径,从最小直径与最大直径的比值,即可得出圆度偏离的情况。

(2) 台面偏心

台面偏心是指圆钻的台面不在腰棱所形成的圆形的中央(图 4-29)。目视判断圆钻是否存在台面偏心现象,也许是切工评估中最困难的操作。观察时,钻石的夹持方法与评估圆度一样,使视线与桌面,或更正确地说与腰棱平面保持垂直,并且使腰棱所围成的圆的圆心(往往用底尖代替)与视域中心重合,是非常重要的。在这一前提下,比较台面的8个角顶或8条边的中点与腰棱是否等距,判断台面偏离与否。

有些现象可作为台面偏离的提示。例如,台面与星小面组成的重叠正方形的图案产生畸变,冠部的小面不等大,尤其是上主小面不等大等,都可能是台面偏心造成的。但是,这些对称性的畸变也可以由其它的原因引起,故不能仅依据这些畸变现象来判断台面偏心。

(3) 底尖偏心

底尖偏心是指圆钻的底尖不在腰棱中心的垂线上(图4-30)。底尖偏心较易于观察,可用十倍放大镜透过台面观察亭部几条相交于底尖的主要面棱是否互相垂直,或者这些面棱相互之间的8个夹角是否等大来判断。

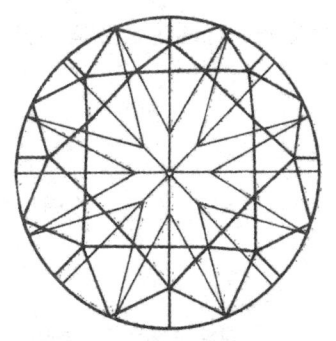 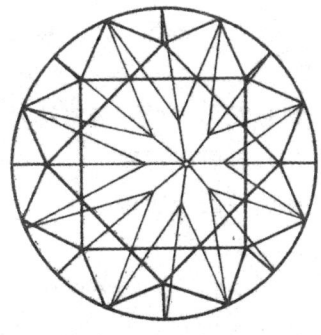

图4-29　台面偏心　　　　图4-30　底尖偏心

(4) 波状腰棱

波状腰棱如图4-31所示,腰棱上下起伏,呈波浪状。正常的腰棱虽然是由上下两条波浪线所围成,但整个腰棱总体上是平直的,不可视为波状腰棱。观察时,钻石侧夹,视线平行腰棱即可。

(5) 台面倾斜

台面倾斜指圆钻的台面与腰棱不平行,如图 4-32 所示。观察时,钻石侧夹,视线平行腰棱,要多观察几个方向。台面倾斜亦可用比例投影仪测量冠部高度来判断。

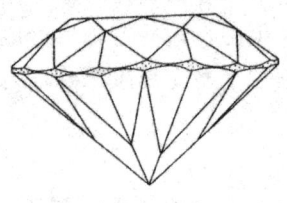
图 4-31　波状腰棱

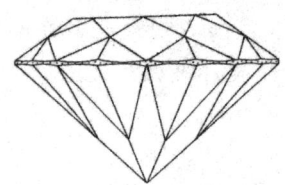
图 4-32　倾斜台面

2. 一般对称性特征

除了重要对称性特征,其它的对称性特征统称为一般对称性特征。下面按圆钻各个部分可能的对称性特征进行阐述,并请参见图 4-33。

(1) 冠部上的一般对称性特征

(a) 台面不对称

即圆钻的台面偏离了正八边形。例如,各边不等长,或角度扭曲等。

(b) 同种小刻面不等大

即冠部的 8 个星小面,或者 8 个主小面,或者 16 个上腰小面中存在大小不一致的现象。

(c) 面棱不交于一点

3 条或 3 条以上的面棱应相交于一点。由于切磨的失误,使得这些面棱不相交在一个点上,而是形成一段小面棱。

(2) 腰棱上的一般对称性特征

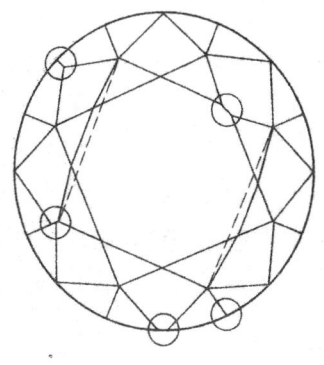
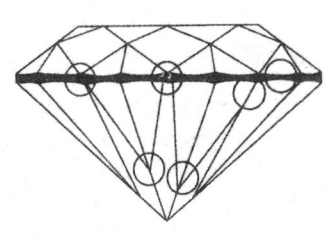

图 4-33 圆钻的一般对称性特征

(a) 腰棱厚度不均匀

其特征已在腰棱厚度的评价中阐述过。

(b) 锥状腰棱

腰棱应该是圆柱体,如果其柱面倾斜成锥面,即称为锥状腰棱。锥状腰棱更容易产生漏光,并对镶嵌有一定的影响。

(c) 冠部与亭部刻面未对齐

冠部的刻面与亭部的刻面应该对齐,例如上主小面与下主小面应对齐,否则会影响光线的路径,从而影响明亮度的展现。在圆钻切磨时,冠部刻面与亭部刻面的抛磨是两个工序,如果未加充分的注意,就会造成这种冠部刻面与亭部刻面错位的情况。

(3) 亭部上的一般对称性特征

(a) 同种刻面不等大

其含义与冠部上的同种小刻面不等大是一样的。

(b) 面棱不交于一点

其含义与冠部上的面棱不交于一点是一样的。这一类型也包括刻面过大而超出腰棱边缘以及刻面过小不及腰棱边缘的情况。

(c) 缺少刻面

亭部，甚至冠部上都可能出现缺少刻面的情况，这种缺陷比较少见。

3. 对称性的评价

对称性评价有两个概念，其一是对单个对称性特征的评判，简称为偏离程度评价；其二是对圆钻对称性等级的评价，简称为对称性等级评价。

(1) 对称性特征的偏离程度评价

由于加工的技术原因，任一实际的产品，总存在一定的且不影响该产品使用性能的偏差量，即允许误差。对于圆钻的对称性也一样，要有一合理的误差。从定量上说，对称性特征的误差（如果能够测量的话）规定为小于 2% 的偏离度。从目测的角度上说，则根据在十倍放大镜下的可见程度，把各种对称性特征的偏差都划分成无、轻微、明显和严重 4 个等级，参见表 4-13。

表 4-13 对称性特征偏离程度的评价

偏差程度	用十倍放大镜目视偏离度	定量偏离度	对对称性等级的影响
无对称性偏差	不可见或很难见	<2%	无影响
轻微对称性偏差	可见	2%—3%	产生影响
明显对称性偏差	易见	3%—4%	不高于"好"的级别
严重对称性偏差	极易见	>4%	属于差的级别

(2) 对称性等级评价

对称性等级则根据圆钻所具有的对称性偏差的严重程度和数量，以及对明亮度的影响，划分成优、良、中、差 4 个级别，参见表 4-14。

表 4-14 对称性等级及其特征

对称性级别	对称性偏差情况	说 明
优	不超过 3 项轻微的一般对称性偏差,不允许有重要的对称性偏差和明显的对称性偏差	完美的对称性
良好	允许有 1 项明显的对称性偏差,不超过 6 项轻微的对称性偏差	专家可看出轻微的对称性畸变
中	允许有不超过 3 项明显的对称性偏差	畸变的对称性,但明亮度未受影响
差	多于 4 项的明显对称性偏差,或存在严重的对称性偏差	畸变的对称性,明亮度受到影响

4. 抛光及评价

抛光质量直接影响到钻石的光学效应。不平整的表面上,光线产生漫反射,使得入射的光不按设计的路径运动,严重时不仅极大减弱钻石的明亮度,而且还影响钻石的透明度。抛光质量主要与钻石的切磨工艺以及切磨师的技术与精心程度相关,与保存重量的关系不大,即使对抛光质量差的钻石重新抛光,所耗损的重量也是微乎其微。此外,抛光质量还可能与原石的质量有一定的联系。

（1）抛光痕

抛光好坏的评价依据两个特征,即抛光痕和灼烧痕。

抛光痕是一组平行的直线或微曲的弧线。要采用透过相对的刻面进行观察的方法,或称为内表面观察法。例如透过台面观察亭部刻面上的抛光痕,通过亭部刻面观察台面上的抛光痕等（图 4-34、4-35）。同一组抛光痕仅局限在一个刻面上。不同的刻面,抛光痕的方向多不一样。

（2）灼烧痕

灼烧痕是由于钻石抛磨时产生的高温以及镶嵌钻石时的加热所产生的,较不易观察。无论采用内表面观察法,或在反射光下直接

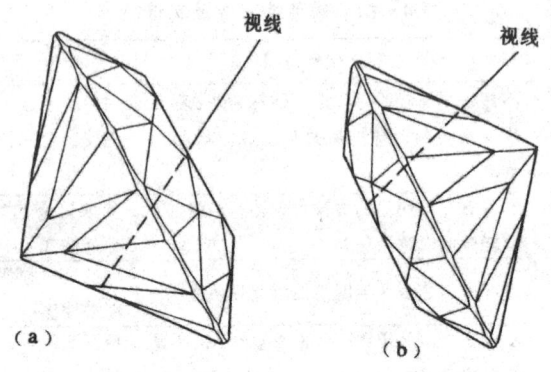

图4-34 抛光痕的观察法
(a)透过台面观察亭部刻面上的抛光痕;(b)透过亭部刻面观察台面上的抛光痕

图4-35 透过台面所见的亭部刻面上的抛光痕

观察刻面的表面,都不明显,表现为稍微起伏的不规则图案,如同火焰,或者像窗户玻璃上冻结的冰凌,严重时呈白霜状。

(3)抛光等级

抛光质量根据钻石表面上抛光痕和灼烧痕在十倍放大镜下的可见性、数量和对钻石明亮度的影响,划分成4个等级。

优:十倍放大镜下无或难见抛光痕和灼烧痕。

良:可见轻微的抛光痕和(或)灼烧痕。

中：易见清晰到明显的抛光痕和（或）灼烧痕。

差：特别密集或严重的且影响明亮度的抛光痕和（或）灼烧痕。

第五节　确定圆钻比例的方法Ⅱ——实测法

目视法对圆钻比例的数值进行估测，带有一定的主观性，准确度取决于各人的经验和对方法的掌握与理解，总的来说存在一定的误差。为了克服这一问题，可以采用各种误差相对小的测量方法。测量方法需要利用相应的仪器设备，其中应用最广的是钻石比例仪。

1. 钻石比例仪

钻石比例仪（图4-36）是采用放大投影的方法，把钻石的倒影投射在一个特殊的屏幕上进行测量。其原理与幻灯机相似。最早对钻石形态的测量，就是利用幻灯机把钻石的侧影投射在画有方格的纸屏上进行的。所以，钻石比例仪是一种特殊的幻灯机，并有两个特点，其一是能够在屏幕上随意改变钻石投影的大小，另一个特点是具有一个画有圆明亮式琢型图案和刻度尺的半透明屏幕。刻度以圆钻腰棱直径的百分数为单位，有的标尺上的刻度代表2个百分数，有的为1个百分数。通过对圆钻投影的测量，即可直接得出各种比例的百分比，同时还能获得某些对称性特征的定量数值。此外，钻石比例仪还带有一专用的夹具，钻石必须夹在夹具上，才可进行测量操作。

2. 钻石比例仪的操作与应用

（1）基本操作

用比例仪测量圆钻的比例，首先把清洗干净的钻石放到夹具上，夹具呈马蹄形，上下有两根夹杆，上夹杆为一螺杆，转动手轮即可使之伸缩，下夹杆的头部是空心的，并在侧面开有用于观察底尖的侧孔。所以，圆钻的底尖要放在下夹杆的空洞中，上夹杆顶住圆钻的台面（图4-37），下夹杆内有弹簧，并可伸缩，夹钻石时可加以利用。转动下夹杆的手轮，可带动钻石转动。

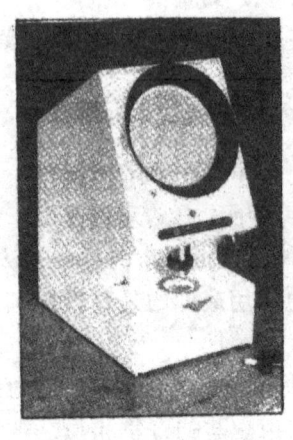 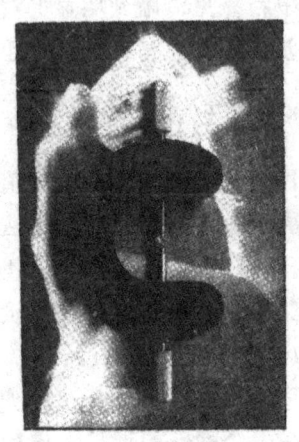

图 4-36 钻石比例仪　　　　图 4-37 比例仪上钻石的夹持

装好样品的夹具放在比例仪的光源上，通过调节物镜，把钻石清晰地投影到屏幕上。通过转动放大手轮，可以改变钻石的投影的大小，使钻石的腰棱投影达到与屏幕上图案一致的大小，即百分之百。为了使钻石的投影落在屏幕的图案上，并与图案重合，可以移动物镜下的夹具调整钻石，并随时旋转放大旋钮调整钻石投影的大小，使投影与图案重合。完成了这些步骤之后，就可以开始测量各个比例的参数了。

（2）测量台宽比

移动比例仪上的屏幕，使屏幕上的水平标尺（画在圆明亮式琢型的腰棱位置上）与钻石投影的台面齐平〔图 4-38（a）〕，并注意两点：其一，钻石投影的腰棱的两端正好与水平标尺两端的垂线重合；其二，钻石冠部投影的梯形图象的斜边必须正好成一条直线，而不能是两条折线组成，否则，所测量的台宽比不代表台面直径的百分比。如果斜边不是一条直线，可以转动夹具下夹杆的手柄，使钻石略为转动，即可达到要求。读出水平标尺上钻石投影的台面两端位置上的刻度值。如果台面居中,两侧的读数一样。如果台面偏心,两侧的读数不一致,这时采用两数值的平均值作为台宽比。移动钻石样品,依次测量4个对角的台宽比,取其平均值为台宽比。台面偏心度以最大差异的一组数据确定,并为差值的50%。

例如,图4-38(a)上,标尺左端的读数为58%,右端为60%,台宽比为(58%+62%)÷2=59%,台面偏心度为(60%-58%)÷2=1%。

(3) 测量腰厚比

在测量台宽比的同时,可以测量出腰厚比。只要与读台宽比的同时,读出右边垂线上钻石腰部阴影所占的刻度数即可。但是,这时腰棱厚度是在腰棱最宽的位置上的量度,与目视法评估的位置不同。例如,图4-38(a)上,腰厚比为5%。

(4) 测量冠高比

移动屏幕,使屏幕上圆明亮式琢型图案的冠部左右下角与钻石投影的同一位置对齐,通过右边冠部图上的标尺,读出冠部高度的百分比〔图4-38(b)〕,并转动钻石,测出8个数值,加以平均,做为钻石的冠高比。如果钻石的台面倾斜,除了可从投影仪上直接看出投影的台面与屏幕上图案的台面不平行外,还可从测量得到的数据不一致得知。在操作时要注意,所测量的位置应该与测量台面直径及腰棱厚度时的位置一致,这也是所有的测量操作要注意的事项。图4-38(b)中,冠部高度的百分比为16%。

(5) 测量冠部角

移动屏幕,使屏幕上左右两垂线上方的短横线和垂线的交点与钻石投影的冠部阴影的左右下角对齐,依图上的角度线测出钻石的冠部角 [图4-38(c)]。由于屏幕上的角度分划间隔较大,用内插法估计到0.5°。

(6) 测量亭深比

移动屏幕,使屏幕上圆明亮式琢型图的亭部左右上角与钻石亭

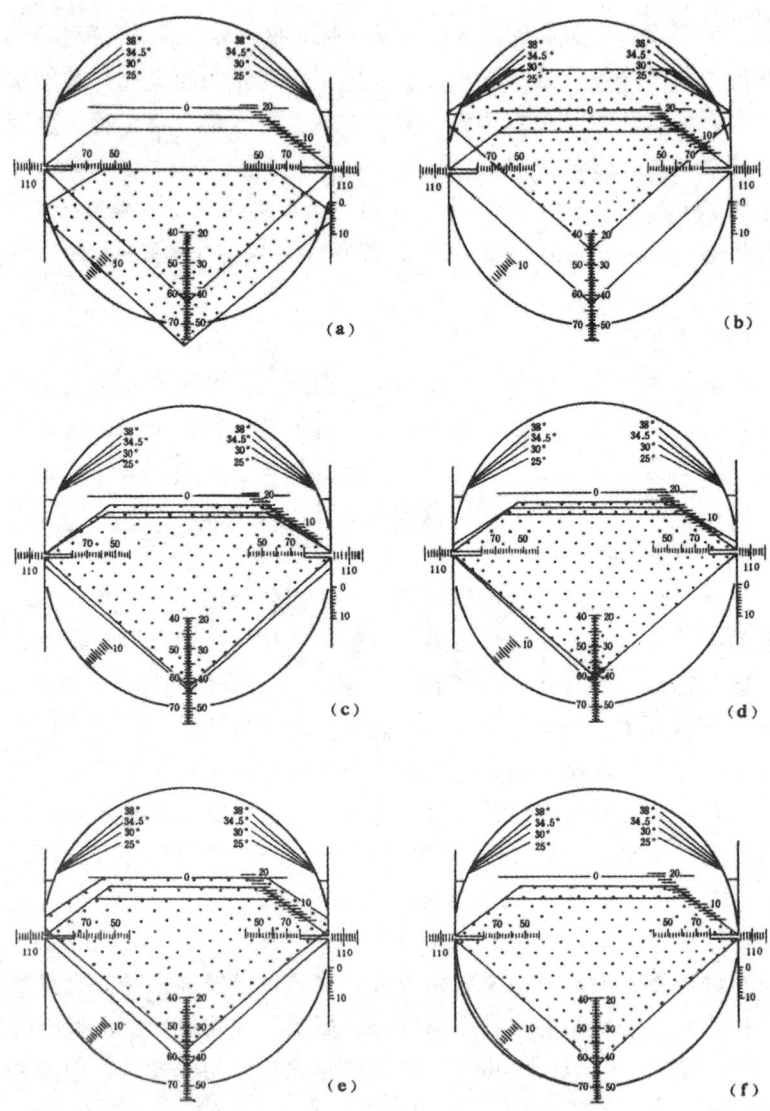

图 4-38 圆钻比例和圆度的（比例仪）测量
(a) 测量台宽比和腰厚比；(b) 测量冠高比；(c) 测量冠部角；
(d) 测量亭深比；(e) 测量全深比；(f) 测量圆钻的腰围圆度

部投影的左右上角对齐,用中央的垂直标尺的右侧刻度来测量底尖(或底小面)阴影所达到的数值。如果底尖不在中央垂线上,说明底尖偏心,偏心度可以用亭部阴影与中央标尺相交位置的读数与底尖的读数之差来度量。例如图 4-38 (d),底尖阴影与垂线不重合,亭部深度的百分比为 44%,亭部阴影与中央标尺相交位置的读数为 42%,底尖偏心度为 44%-42%=2%。

(7) 测量全深百分比

移动屏幕,使图案上标记有"0"的水平线与钻石投影的台面齐平,在底尖投影所达到的位置上,读出中央垂直尺上左边的刻度值,即为钻石的全深百分比 [图 4-38 (e)]。

(8) 测量圆度

把钻石台面向下平放在一透明的平板上,例如用一块玻璃板,并放到比例仪的物镜下,屏幕上即出现钻石的腰棱投影,用物镜对焦,再调整放大倍数,使投影落入屏幕上所画的圆圈内,并尽可能地使阴影占满整个圆圈。如果圆钻的圆度没有偏差,阴影将占满整个圆圈。反之,则有未占据的空白边 [图 4-38 (f)]。转动屏幕,用圆圈左下方的标尺去测量所出现的最大的空白边,即为腰棱圆度的偏差,如图 4-38 (f),偏差为 2%。

(9) 小结

应用钻石比例仪,可以相当准确地测量出各种有意义的圆钻比例及对称性的参数。在所有的操作中,都要保证圆钻的投影达到百分之百,即阴影的腰棱直径与图案上的腰棱直径要等长。由于钻石的对称性问题,或者加工误差的问题,在转动钻石,或移动钻石之后,腰棱投影的大小也可能发生变化。一旦出现变化,就要加以调整,使得在测量过程中的每一次读数,都在投影达 100% 的条件下进行,这样才能保证数据的可靠性。

另一个要再强调的问题是,要注意测量的位置。正确的测量位置,应该与各种比例参数的定义一致,即台面对角线方向的剖面位置。直观地，在操作时，一边转动夹在夹具上的钻石，一边注意钻石的投影，当梯形的冠部投影的斜边从折线变成直线时，即达到正确的测量位置。

3. 其它的测量仪器

（1）卡尺

卡尺可用于钻石腰棱直径（或者长和宽）和全深的测量。测量腰棱直径时要多测几个方向上的直径，然后平均，在报告中记下最小值、最大值和平均值。

卡尺的类型很多，如图4-39所示。钻石用卡尺要求以毫米（mm）为单位，能准确到百分位。除了机械式卡尺以外，还有电子卡尺，其精确度能达到千分位。专用的钻石量尺，不仅可用于裸钻的测量，还可用于已镶嵌钻石的测量，有关内容请参见钻石重量一章。

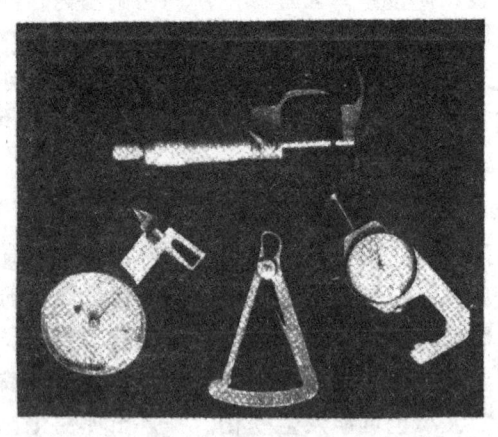

图4-39 各种卡尺

（2）台面量尺

台面量尺（图4-40）是测量钻石台面直径（或宽度）专用的尺子。台面量尺是透明的印有刻度的硬质胶片。刻面的最小分划是

0.1mm。测量时，用左手把量尺压在钻石的台面上，右手持十倍放大镜观察，读出台面直径的长度，可以准确到 0.1mm，这种操作要通过练习才能掌握。

(3) 圆钻比例分析镜

圆钻比例分析镜是一种特殊的目镜，目镜内刻划了与钻石比例仪屏幕上的图案相类似的图案，在显微镜的配合下使用。测量的方法与比例仪相似，但操作时必须移动钻石的位置，而非屏幕。并且，由于移动的距离很小，必须配以机械移动装置，使用起来并不便利。

(4) 自动钻石测量仪

自动钻石测量仪（Dia-Mension）（图 4-41）是一种相当新式的电子仪器，能够测量并评价钻石的切工，甚至连原石也可以测量。该仪器用计算机控制，可以在几秒钟内完成对钻石的测量和切工评价，与使用其它仪器或方法相比，至少可以节约 15 分钟的时间，并获得更为精确的测量结果。

 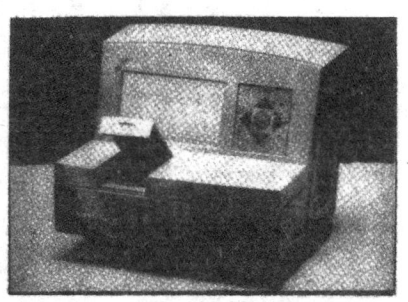

图 4-40　台面量尺　　　　图 4-41　自动钻石测量仪

第六节　花式钻的切工评价

所有非圆明亮式琢型的钻石均可称为花式琢型的钻石，简称花式钻。花式琢型是对各种各样琢型的统称。但是，在所有的切磨钻石中，花式钻仅占 10%—20%，圆钻则占 80% 以上。与圆钻相比，花式钻的加工工艺要求更高，切磨成本较高。花式琢型的对称性低于圆钻，亮光和火彩的表现不均匀，明亮度不如圆钻。

但是，切磨花式钻仍有很强的驱动力。最重要的一点是有利于重量的保存。形态不规则的原石，切磨成圆钻，重量损失大，而依原石的形态采用花式琢型，则可以获得很大的重量收益。而且，花式琢型的形态可塑性大，更利于因材施艺。所以，几乎所有的大钻，都切磨成各种花式琢型，以期获得最大的重量。另一方面，花式琢型更有利于展现钻石的色彩，尤其是适用于颜色不够浓艳的钻石。

切磨花式钻的另一个原因是对钻石琢型的不断研究。在20世纪后半叶，以光学理论为基础研究圆明亮式琢型的设计已日趋完善，但是，为了追求更好的表现和美感，为了更加节约地利用越来越珍贵的原料，并且，也因为圆明亮式琢型的现有设计已难以动摇，所以，更多的研究致力于花式琢型的设计，导致了各种新的花式琢型款式不断出现。

由于花式琢型种类繁多，形态各异，目的不一，切工的评价远比圆钻困难，很难定出统一的标准，尤其是花式钻的比例标准。至今尚无一致认可的适于花式钻切工评价的标准，只能根据最基本的原则，即钻石的明亮度、美感和耐用性等，分析花式钻切工的优劣。

在销售价格上，花式钻往往比同等质量的圆钻的价格低，依据不同的款式和市场的供求关系，低20%—50%。但是，有些时新流行款式的花式钻，售价可能高于圆钻。

1. 花式琢型的类型

花式琢型的款式很多（图4-42），根据各自的特征可以分成下面几种类型：

（1）变形明亮式琢型

变形明亮式琢型从圆明亮式琢型演变而来。这类琢型的刻面排布方式和圆明亮式琢型相同或者相似，但其腰棱的轮廓不同，不是圆形，常见有椭圆形、水滴形、橄榄形、心形等。这类琢型的命名方式为,在"明亮式"前加上腰棱轮廓形状的描述,例如心形明亮式琢型、椭圆明亮式琢型等。这种类型的花式钻比较常见,在切工评价上,也与圆明亮式琢型有相似之处。

(2) 古典式琢型

这类琢型,基本上沿用了彩色宝石的传统样式,或者早期用于钻石切磨的款式,以及后来新发展的部分琢型。常见有祖母绿琢型、阶梯琢型、玫瑰琢型、剪刀式琢型,以及现代的公主式琢型和其它的款式。对这一种类型花式钻的切工评价,仍然可以应用明亮度的基本概念,根据具体的琢型加以分析。

(3) 奇异式琢型

奇异式琢型是一种创意,切磨师根据原石的形状,切磨成动物、植物和头像等形状。这类琢型钻石的切工评价不能用传统的评价概念。

2. 花式钻的比例及其评价

大多数花式琢型的比例与圆明亮式琢型的比例类似,包括有台宽比、冠部角或冠部高度、腰棱厚度、亭部深度或亭部角度、底小面大小等。各个部分的作用和圆钻也大致相同,尤其是变形明亮式琢型。一般地说,台面过大,或者冠角太小,会削弱火彩,冠角太陡,会产生漏光,或者产生过分的火彩,亭部深度则主要影响亮光,腰棱厚度和底小面都以预防受损为主要目的。

但是,花式琢型的形式多,可塑性大,不仅在不同的款式之间存在差异,即是同一种琢型,也可以有不影响美观的变化,很难定出一套普遍适用的比例标准。所以,花式琢型的比例评价远不如圆明亮式琢型的比例评价严格。

此外,花式琢型的各种比例的定义也与圆钻有一定的区别。

(1) 台宽比

花式琢型的腰棱与台面往往都有长与宽两个长度及方向。台宽比定义为台面的宽度占腰棱宽度的比例(图 4-43)。对圆钻来说,小

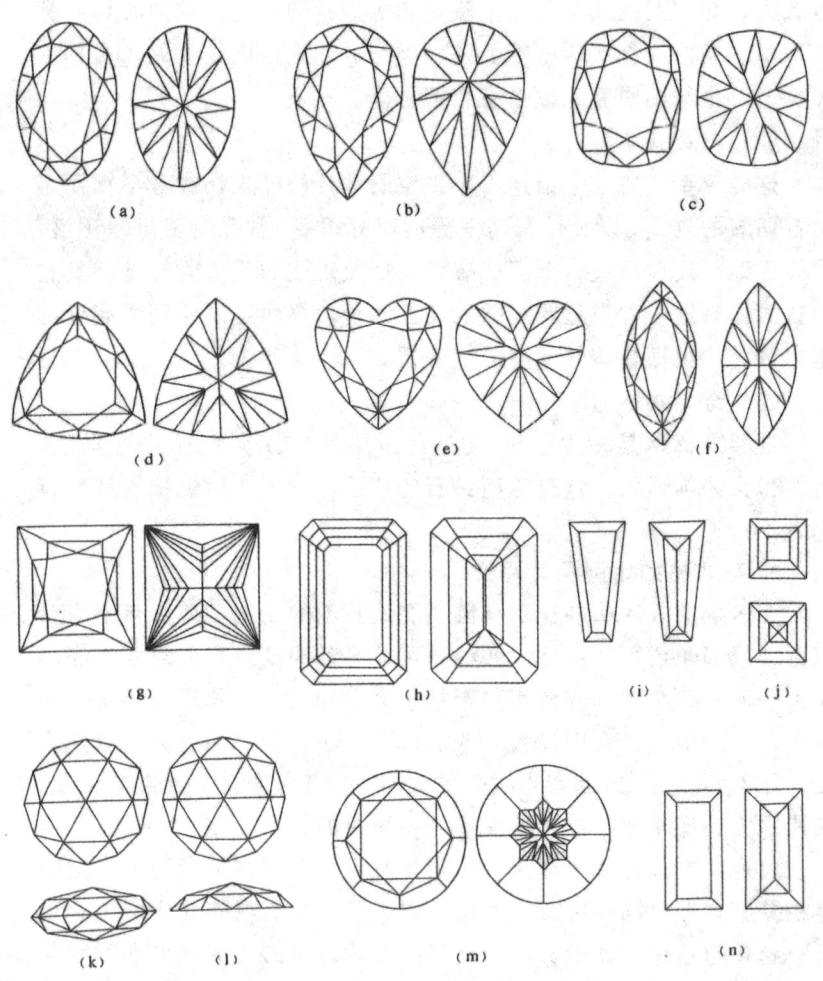

图 4-42 各种花式琢型

(a) 椭圆明亮型；(b) 水滴形明亮型；(c) 垫形明亮型；(d) 盾形明亮型；(e) 心形明亮型；(f) 橄榄形明亮型；(g) 公主型；(h) 祖母绿型；(i) 梯型；(j) 上丁方型；(k) 双面玫瑰型；(l) 单面玫瑰型；(m) 百日红型；(n) 长方型

于 50%的台宽比很少见，但是，常见于许多的花式钻。台宽比可采用测量，例如用台面量尺测定，或者目估的方法来确定。

（2）冠部角

冠部角定义为冠部在宽度方向上的主要刻面与腰棱平面之间的夹角（图 4-43）。对于变形明亮式琢型，合适的角度、亮光和火彩较好，并以 34.5°为最佳角度。在评估时，用目视估测角度的大小，并可使用冠部角合适或者稍大、大、小、太小等用语，或者评估出具体的角度。

（3）腰棱厚度

花式钻的腰棱厚度往往不均匀。带有尖锐端部的琢型，例如橄榄形、水滴形等，尖端部位的腰棱比较厚，以防破损。另一种是带有凹部的琢型，如心形，在凹口位置上的腰棱也很厚。这些位置均不

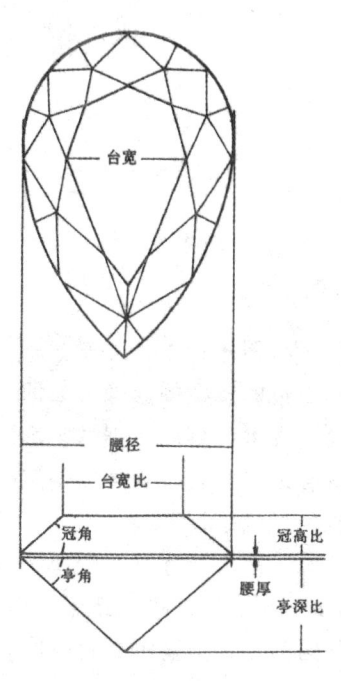

图 4-43 花式钻的比率定义图示

可作为评估腰棱厚度的依据。评估时要排除这些特殊的位置，并把腰棱厚度同圆钻的腰棱一样划分成极薄、很薄、中、厚、很厚和极厚等 6 个级别。

（4）亭深比

花式琢型的亭深比定义为亭部深度与腰棱宽度的比例（图 4-43）。对变形明亮式琢型，在评估时主要注意亭部在宽度方向上的反光情况。与圆钻的台面反影相似，如果变形明亮式琢型的亭深合适，则看不到或仅看到少量的台面反影。如果亭深太大，则出现漏光，台面反影加大加深，在宽度方向的位置上形成蝴蝶状的黑影，并称为

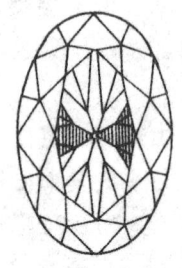

图 4-44 变形明亮式钻石的"蝶影"现象

亭部越深,"蝶影"越大、越黑

"蝶影"(图 4-44)。亭部过浅,则易于在台面侧边,甚至在台面内看到白色的腰棱的影像,如同"鱼眼钻石"的情况。所以,对变形明亮式琢型,可以依据"蝶影"和"鱼眼"现象,来评价亭深比例是否合适。并且,也可以使用概略的术语,如亭深比例合适,或者过深、过浅等。

对于祖母绿琢型、阶梯琢型,则要注意是否有亭部膨胀的现象(图 4-45)。亭部膨胀是保留重量的一种措施。但是,这一措施造成额外的漏光,削弱了钻石的明亮度。这一现象可以在报告的备注中说明。严重的亭部膨胀,有可能影响到钻石的镶嵌。

(5)底小面大小

花式钻的底小面大小用目视法评定,并根据具体的形态,划分成点状或线状的底尖、很小、小、中、大和很大等 6 个级别。

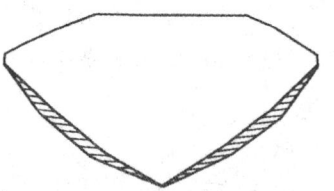

图 4-45 阶梯型或祖母绿型的亭部膨胀现象

3. 花式钻的对称性及其评价

花式钻的修饰度和圆钻一样,包括对称性和抛光两个部分。对于花式钻,对称性比比例更为重要,因为,花式钻在很大程度上是以其形态的美感吸引人的,特别是其轮廓的形态。所以，花式钻的切工评价的重点是对称性的评价。

（1）花式钻的重要对称性特征

（a）腰棱轮廓

花式钻的腰棱轮廓的形状，对钻石的外观影响极大。通常存在的偏差有：

①腰棱轮廓不对称，即轮廓的左右或上下不对称（图4-46）。

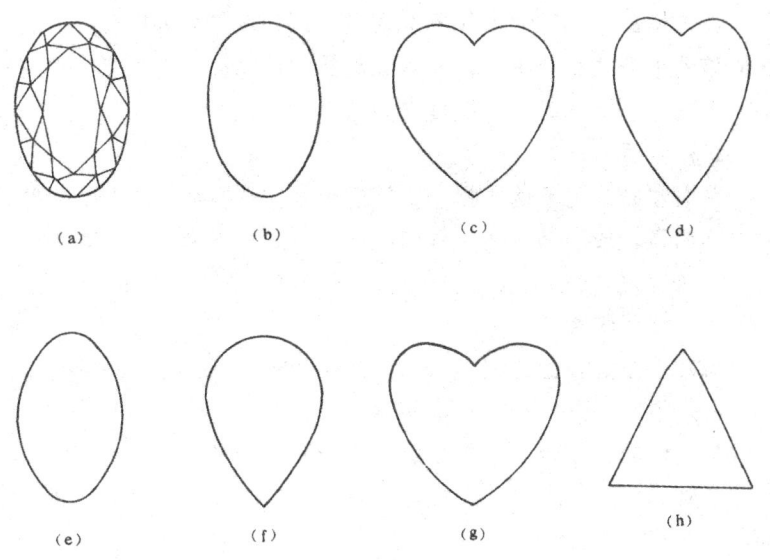

图4-46 花式钻轮廓的对称性特征

(a) 完美的对称性；(b) 上下不对称；(c) 左右不对称；(d) 长宽比例不正确；(e) 轮廓的肩部过低；(f) 轮廓的腹部过窄；(g) 轮廓的肩部过高；(h) 出现额外的腰线

②轮廓的协调性不佳，即轮廓的曲线弧和位置不当，如图4-46所说明的各种情况。

③长宽比例不佳，即腰棱的长径与短径的比例不适当。这一比例是决定轮廓美感的重要因素之一，常见的花式琢型的长宽比要符

合下列的比例关系，否则将超出人们可接受的美感范围。

	长：宽
水滴形和椭圆形	1.5—1.75：1
橄榄形	1.5—2.25：1
心　形	0.8—1.25：1
祖母绿琢型	1.5—1.75：1
长条琢型	1.75—2.25：1

(b) 底脊线（底尖）偏移

花式钻的亭部刻面可能不会聚成一点，而是形成底脊线。底脊线应该位于花式钻的中心，不可偏离。如果偏离，则可能出现左右或上下偏移。评估时，根据目视判断。

(c) 台面偏移

台面左右或上下偏离腰棱轮廓的中心。有些款式，上下偏离的现象不明显，或不易评估，例如，心形明亮式琢型，因为其上下方向上不具对称性。

(d) 波状腰棱

与圆钻波状腰棱的定义相同，指腰棱起伏，而不在同一平面上。

(e) 倾斜台面

与圆钻的定义相同，指台面与腰棱平面不平行。

花式琢型的重要对称性特征，除了腰棱轮廓的长宽比可通过测量外，其它的对称性特征均用目视法评估。

(2) 花式琢型的一般对称性特征

圆明亮式琢型的一般对称性特征的内容基本上适用于花式琢型，只是要对花式琢型对称程度较低的情况加以考虑后，略加修改即可。下面按花式琢型各个部分可能具有的对称性特征，分别进行阐述，并可参考图 4-32。

(a) 冠部上的一般对称性特征

①台面不对称

要根据各种款式的特殊对称性来分析。一般地说，同种台面的边不等长，出现额外的台面边、台面扭曲等，都可以是台面不对称的表现。

②冠部同种小面不等大

同样要根据具体的琢型划分出同种小面，然后比较同种小面的大小及形态是否相同。

③面棱不交于一点

与圆明亮琢型的定义一样。

(b) 腰棱上的一般对称性特征

①腰棱厚度不均匀

与圆明亮式琢型的定义相同，但要排除尖端或凹口等特殊位置上腰棱的厚度。

②冠部与亭部刻面未对齐

与圆钻的定义相同。

(c) 亭部上的一般对称性特征

①亭部的同种小面不等大

与圆钻冠部的同种小面不等大的定义相同。

②面棱不交于一点

③缺少刻面

花式钻的刻面常常与圆钻不一样，即使是变形明亮式琢型，如果是有规律地缺失某些刻面，尤其是亭部的刻面，并且没有造成对称性畸变，则不算缺少刻面。缺少刻面的情况，总是伴随着对称性的破坏。

(3) 对称性评价规则

花式钻的对称性评价规则与圆钻相同，要对对称性特征的偏离程度加以评价，然后再评价钻石所属的对称性等级。对称性等级划分如下。

优：没有或存在少量轻微的对称性偏差，但不能有腰棱的对称性偏差，总体上具有完美的对称性。

良：少量轻微的对称性偏差，允许有一项明显的对称性偏差（但不能是轮廓的对称性偏差），总体上呈轻微的对称性畸变。

中：少量明显的对称性偏差，但花式钻外观的协调性和美感没有受到明显的影响，总体上呈畸变的对称性。

差：存在严重的对称性偏差，花式钻外观的协调性和美感受到了破坏，总体上呈强烈畸变的对称性。

4. 抛光评价

花式钻的抛光评价与圆钻完全相同，依钻石表面上抛光痕和灼烧痕的明显程度、数量和对钻石透明度及明亮度的影响分成 4 个等级。

优：看不见或极难看见的抛光痕和（或）灼烧痕（在十倍放大镜下观察，下同）。

良：可见轻微的抛光痕和灼烧痕。

中：易见清晰到明显的抛光痕和（或）灼烧痕。

差：密集且明显的抛光痕和（或）灼烧痕，并影响到了钻石的透明度或明亮度。

5. 小　结

花式的切工评价也分成比率和修饰度两个部分。由于花式钻的形态变化大，同一钻石的不同方向的形状也不一样，所以评价的尺度没有统一公认的标准，也不如圆钻比率评价严格。在评价中，往往采用记叙比率参数和有关现象（常放在证书的备注中），而不评判比率的等级。

修饰度评价方面，注重花式钻轮廓的评价，并根据轮廓的长、短轴的比例、对称性和曲线的协调性来评价轮廓的优劣，其它的修饰度评价内容与圆钻相同或近似。修饰度一般分别对抛光和对称性进行评价，各分成优、良、中、差 4 个等级。根据所见的抛光特征和对称性特征来确定各自的等级。

第五章 钻石的克拉重量

第一节 钻石重量的意义

重量是又一个与钻石稀有性有关的性质。自然产出的钻石,无论是从原生矿床或是次生矿床开采出来的钻石,绝大多数都较小,超过1 ct的晶体往往只占总产量的一小部分。10 ct及以上的原石,戴比尔斯公司下属的中央统售机构在销售时,就不再作为定价毛坯出售,而是进行竞价拍卖,当然买主仍然只能是指定的看货人。

钻石越大,就越稀有,价值越高,也形成了与之有关的观念,即大钻和世界名钻。它们几乎都是以无可比拟的重量成为世人瞩目的珍宝(表5-1和表5-2)。世界名钻的名录在逐年增长。从原石的情况来看,一般每几年就有一颗巨钻被发现。前十大钻石中,即有

表5-1 世界十大钻石原石

序号	重量(ct)	名 称	颜色	发现时间	产地
1	3106.00	Cullinan	白色	1905	南 非
2	995.20	Excelsior	白色	1893	南 非
3	968.80	Star of Sierra Leono	白色	1972	塞拉里昂
4	890.00	Zule	金黄色	1984	南 非
5	787.50	Great Mogul	无色	1650	印 度
6	770.00	Woyie River	无色	1945	塞拉里昂
7	726.60	Presidente Vargas	无色	1938	巴 西
8	726.00	Jonker	无色	1934	南 非
9	650.80	Reitz	无色	1895	南 非
10	620.14	无名	无色	1984	南 非

表 5-2 世界十大成品钻石

序号	重量 (ct)	名称	琢型	颜色	发现时间	收藏者
1	530.20	Cullinan I	梨形	无色	1905	英国皇家珠宝
2	407.48	Incomparable	梨形	黄色	1984	美国钻石商
3	317.40	Cullinan II	垫形	无色	1905	英国皇家珠宝
4	280.00	Great Mogul	玫瑰形	无色	1650	未知
5	277.00	Nizam	圆形	无色	1835	印度
6	250.00	Great Table	长方形	粉红	1642	未知
7	250.00	Indien	梨形	无色	未知	未知
8	245.35	Jubilee	垫形	无色	1895	法国
9	234.50	De Beevs	圆形	黄色	1888	印度
10	228.50	Vicotoria	不详	黄色	1880	印度

7颗是在本世纪发现的,其中3颗还是在70年代后才发现的。其中,世纪之钻成品重273 ct,于1991年5月1日正式向世人展示,原石重599 ct,于1980年发现于南非普里米尔钻矿,是该矿继1905年发现的世界最大钻石"库里南"以来的第三颗巨钻。

在我国,最为知名的是"常林钻石",于1977年12月21日在山东沂沭发现,重157.786 ct,淡黄色,晶体为六四面体与八面体的聚形。这也是我国保存的最大的钻石。据说在山东沂沭河流域,在40年代还发现过重达218 ct(一两四钱)的钻石,并称为"金鸡钻石"。但此石尚无确切可靠的资料和下落。

钻石的重量除了具有稀有性的重要意义外,同时,也是展现亮光、火彩和闪烁的基础。小钻石由于其单个的体积太小,表现不出足够的明亮度,只得采用群镶的方式,使多个小钻集合在一起,来补偿这一不足。但是,小钻通常只能表现出亮光,而火彩不足。能表现较强亮光的单个钻石,其直径要在4.5 mm左右,重量在0.30 ct

左右。要体现较明显的火彩，钻石的重量要在 0.70 ct 以上才行。所以，重量又是钻石赖以展示美丽的基础。①

第二节　钻石的称重及法则

钻石非常贵重，百分之一克拉就能值上百美元，故要求有精确的重量。获得钻石精确重量的唯一方法是用秤称出重量。准确称出钻石的重量，首先是为了满足商业上钻石计价的要求。虽然，称重的作用不仅限于此，准确到千分位的克拉重量值（$0.00n$ ct）还具有指示钻石身份的作用，这对开具钻石证书极有意义。商业上，钻石克拉重量要标示到小数点后两位，不论是单粒钻石的零售或是成包的批发，都是如此，并且实行逢九进一的规则。例如，称重得 0.898 ct，计价时，只按 0.89 ct 计算，而称重得 0.899 ct，则可按 0.90 ct 计价。所以，为了得到准确的小数点后第二位的数值，称重器具的感量要达到千分位。

称量达到克拉千分位的感量，意味着要达到克的万分位，需要十分精确的秤。常用于钻石称重的衡器，最简单的是克拉天平［图 5-1 (a)］，准确度可达到 0.005 ct，即半分。一般的机械式天平［图 5-1 (b)］，目前已不多采用，这种衡器的精确度虽然比较高，可以称到 0.001 ct，但操作不便，且一般人员在使用中也很难达到这种准确度。现在，在钻石商贸上使用最多的是电子秤。电子秤有不同的类型和精确度。便携式的电子秤［图 5-1 (c)］，其大小与克拉天平不相上下，精确度也可高达 0.005 ct。更精确的电子秤，其精确度可达到 0.001 ct，或者 0.000 1 g，但价格也较昂贵［图 5-1 (d)］。

电子秤的操作一般都相当简单，依照说明书即可操作。为了获

---

① 我国的某些规定要求在正式出版物中摒弃"重量"的概念，而采用更严格的"质量"的概念。由于"质量"一词在本书中容易与"品质"混淆，所以本节还是采用了"重量"一词。

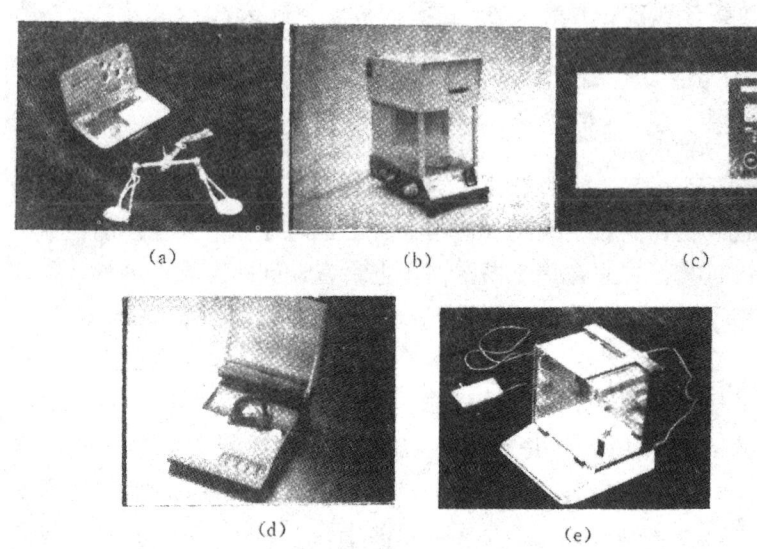

图 5-1 各种衡器
(a) 克拉天平；(b) 分析天平；(c) 电子秤；(d) 便携式较高精度电子秤；
(e) 台式高精度电子秤

得更高的准确度，电子秤要放稳，并要尽量地水平，避免有较强的气流以及环境温度的剧烈变化。在使用时，用标准砝码检查电子秤的可靠性，以免因电子秤的故障而得出错误的称重。

第三节 钻石重量的估算

钻石的切磨大多相当的标准，尤其是圆钻，只要凭圆钻的腰棱直径就能估测出钻石的大概重量（表 5-3）。钻石批发商常用筛子筛分不同大小的钻石，并以此大致确定钻石的重量。这一方法对小钻石尤为适用。但对较大的钻石及花式钻，多采用测量钻石尺寸，然后用公式计算的方法。了解和掌握通过钻石尺寸获得钻石重量的方法，不仅对估计钻石的重量有用，而且还可以在一般的交易过程中，不需做特别的鉴定，即可识别仿钻。

表 5-3 圆钻的直径与重量

直径 (mm)	大约重量 (ct)	直径 (mm)	大约重量 (ct)
1.00	0.005	5.20	0.50
1.30	0.01	5.50	0.60
1.70	0.02	5.80	0.70
2.40	0.05	6.00	0.80
3.00	0.10	6.30	0.90
3.40	0.15	6.50	1.00
3.80	0.20	7.00	1.25
4.10	0.25	7.40	1.50
4.50	0.30	8.00	1.80
4.90	0.40	8.20	2.00
5.00	0.45		

1. 钻石尺寸的测量

测量钻石的尺寸是估算钻石重量的基础。准确测量出钻石的几何尺寸，不仅为估重的准确性提供基础，而且还可以用作证明钻石身份的指纹材料。

测量钻石的尺寸，要获得钻石在长度、宽度和高度方向上的最大尺寸。对于圆钻，没有宽度方向，而是测出腰棱的最大直径和最小直径。以三角形款式切磨的钻石，则要测量出三角形最长的边的尺寸和这条边到相对顶点的垂直距离，作为长和宽。高度是钻石台面到底尖的距离，对各种琢型都一样。图 5-2 列出了各种常见花式琢型应测量的长与宽。

测量钻石常用的量具有摩尔卡尺、钻石卡尺、千分尺等。摩尔卡尺是较简单的一种，轻便易于携带，准确度在 0.1 mm 左右（图 5-3）。钻石量尺，不但可以方便地测量裸钻的各种尺寸，而且还设

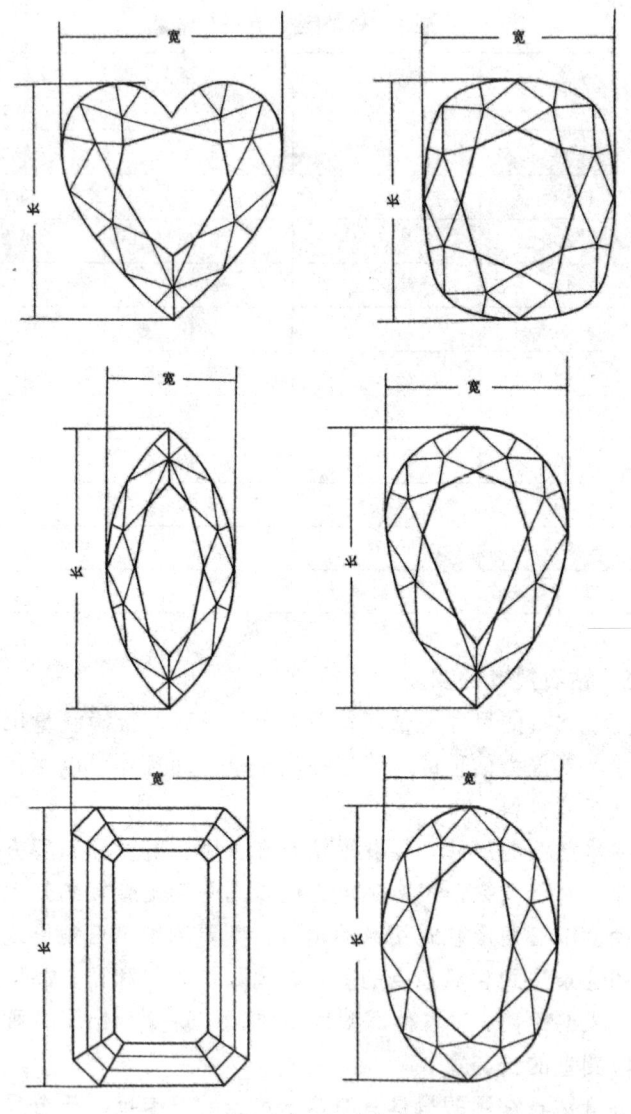

图 5-2 常见花式琢型的长与宽

计成能够测量镶嵌钻石的尺寸,准确度也较摩尔卡尺高,在0.02 mm左右(图5-4),最新式的电子式钻石量尺,数字显示测量结果,准确度可达0.01 mm。

测量钻石时,一定要小心,因为卡尺所接触到的部分,如底尖、腰棱、腰棱的尖端等,都是钻石最易受损的部位,要避免造成损伤。

2. 不同琢型的估重公式

由于钻石琢型的比例和比重相对固定,当测量出琢型的主要尺寸后,就可以估测该钻石的重量,尤其是圆钻,可以根据表5-3,从圆钻直径估测出重

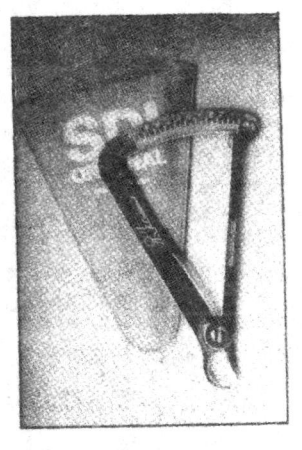

图5-3 摩尔卡尺

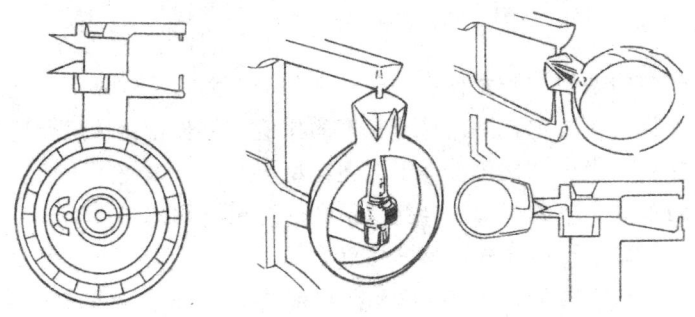

图5-4 钻石量尺及使用

量。各种琢型均有经验估重公式,不同琢型的估重公式中,钻石的尺寸均以毫米为单位,计算得出的重量以克拉为单位。

(1) 圆钻的估重公式

估算重量 (ct) = 直径^2×高×k

式中系数 k 取 0.006 1—0.006 5 之间的数值，与圆钻的腰棱厚度相关，腰棱越厚，所取的数值越大。当腰很厚时，取 0.006 5，厚取 0.006 4，中等，取 0.006 3，薄，取 0.006 2，很薄，取 0.006 1。

(2) 椭圆明亮式琢型的估重公式

估算重量 (ct) ＝平均直径^2×高×0.006 2

公式中平均直径等于腰围的长与宽的平均值，即

平均直径＝（长＋宽）÷2

(3) 心形明亮式琢型的估重公式

估算重量 (ct) ＝长×宽×高×0.005 9

(4) 三角形明亮式琢型的估重公式

估算重量 (ct) ＝长×宽×高×0.005 7

(5) 水滴形明亮式琢型的估重公式　　　　　长：宽

估算重量 (ct) ＝长×宽×高×0.006 15　1.25：1

　　　　　　　　　　　×0.006 00　1.50：1

　　　　　　　　　　　×0.005 75　2.00：1

式中的系数与长宽比有关，长宽比值越大，系数越小。在应用公式计算重量之前，要先计算长宽的比值，依长宽比选用合适的系数。并且，当长宽比值不等于上述典型值时，可以使用内插法选取合适的系数。下列琢型的计算及系数的选用与此相同。

(6) 橄榄形明亮式琢型的估重公式　　　　　长：宽

估算重量 (ct) ＝长×宽×高×0.006 55　1.5：1

　　　　　　　　　　　×0.005 80　2.0：1

　　　　　　　　　　　×0.005 85　2.5：1

(7) 祖母绿琢型的估重公式　　　　　　　　长：宽

估算重量 (ct) ＝长×宽×高×0.008 0　1.0：1

　　　　　　　　　　　×0.009 2　1.5：1

　　　　　　　　　　　×0.010 0　2.0：1

　　　　　　　　　　　×0.010 6　2.5：1

公式（2）至公式（7）中的系数，适用于腰棱厚度在中至薄的钻石。如果钻石的腰棱偏厚，则要对计算出的重量作少量的修正。修正的程度与钻石的大小及腰厚的情况有关，修正的参数见表5-4。

表5-4 花式钻估算重量的腰棱厚度修正系数表

宽度（mm）	稍厚	厚	很厚	极厚
3.8—4.15	3%	4%	9%	12%
4.15—4.65	2%	4%	8%	11%
4.70—5.10	2%	3%	7%	10%
5.20—5.75	2%	3%	6%	9%
5.80—6.50	2%	3%	6%	8%
6.55—6.90	2%	2%	5%	7%
6.95—7.65	1%	2%	5%	7%
7.70—8.10	1%	2%	5%	6%
8.15—8.20	1%	2%	4%	6%

表中百分数的使用方法是，对按公式计算得到的估算重量，再乘上（1+修正系数），用公式表示为：

修正后重量（ct）＝估算重量×（1+修正系数）

例如，一颗长5.03 mm、宽3.24 mm、高3.50 mm的祖母绿琢型的钻石，其腰棱很厚，查表5-4，宽度为3.8—4.15 mm的一条，腰棱很厚的修正系数为9%，重量计算如下：

估算重量（ct）＝5.03×3.24×3.5×0.009 3＝0.53

修正后重量（ct）＝0.53×（1+0.09）＝0.58

3. 重切钻石的估重

钻石要进行重切的原因大致有，钻石破损，或者款式陈旧，或者切工太差。在设计重新切磨钻石的计划时，首先要确定采用什么琢型。采用何种琢型取决于好几个因素，最重要的是何种琢型能够保存最大的重量。其次还要确定所选用的琢型是顾客所喜爱或认可的,是跟得上现代潮流的款式的。最后还必须在工艺上是可行的,即有技术可靠的切磨师能够把钻石重切成新的款式。

选定了琢型之后,就能够估算重切后钻石的重量。估算的要点是确定重切后钻石的最大腰棱尺寸。对于圆钻而言,就是腰棱直径,对花式琢型,则为长径和短径。确定了圆明亮式琢型的直径后,其高度可以按直径的60%计算,重切后的重量用下式计算:

估计重量(ct)=直径(mm)×直径(mm)×直径(mm)×0.6×0.006 2

如果选用花式琢型,在确定了长径和短径之后,高度可以按短径62%计算,重切后的重量按下面公式计算:

估计重量(ct)=长径(mm)×短径(mm)×短径(mm)×0.62×系数

式中的系数与选用的琢型有关。

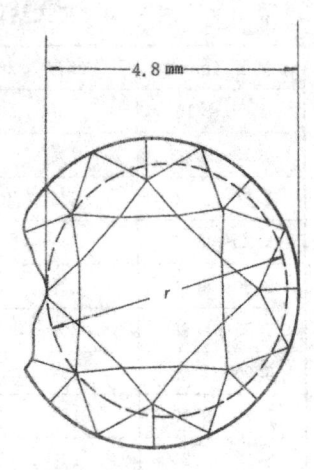

图5-5 破损钻石
虚线圆圈为重切后圆钻可能的大小,大约为4.8mm

例如,有一粒破损的圆钻,其尺寸如图5-5所示,需要重切。如果选用圆明亮式琢型,重切后的腰棱直径(r)只可能达到4.6 mm,按前面的公式,估计出重切后钻石的重量仅为0.36 ct。如果选用心形明亮式琢型,其长径估算为4.4 mm,宽径为5.50 mm,长宽比为0.8:1,基本满足心形明亮式琢型对轮廓比例的要求。重切后的重量用公式:

估计重量(ct)=长(mm)×宽(mm)×宽(mm)×0.62
×0.005 9

来计算,计算的重量为0.51 ct,比采用明亮式琢型要多保存0.15 ct的重量。

第六章 钻石仿制品及其鉴别

钻石的稀少和所具有的昂贵价值,导致了使用廉价材料来仿冒钻石的企图。早在古代印度,就有用与钻石有相似外观的其它宝石仿冒钻石。到了技术更为发达的当今世界,能够仿冒钻石的材料也日益增多,仿制品与钻石也越来越相似,甚至出现了合成钻石。合成钻石由美国通用电气公司于1970年首先制造成功,随后戴比尔斯公司、日本助友公司、前苏联以及我国上海硅酸盐研究所都先后制造出了合成钻石。但到目前为止,合成钻石还没有成为天然钻石的强劲对手。合成钻石的生产成本仍然过高,例如美国一家公司与俄罗斯合作生产的白色(即无色)合成钻石,净度级别较低,每克拉原石的售价在1 000美元左右。另一些带黄色调的合成钻石,单粒重0.1 ct左右的抛光钻石,售价也要达到每克拉1 000美金。这些价格远高于同等质量的天然钻石的价格。

仿冒钻石最为有效的是一些人工材料。例如铅玻璃,早在18世纪就被用作钻石仿制品。如今被错误地称为奥地利钻石的材料,即为一种色散率与折光率都比较高的铅玻璃。而钇铝榴石、立方氧化锆等则具有比玻璃更适合做钻石仿制品的物理性质。

在众多的仿钻中,合成立方氧化锆仿钻的外观与钻石更相似,问世之初,不仅一般消费者,甚至业内人士也受其蒙骗。实际上,每一种新的仿钻,都具有与钻石相似的方面,若不熟知仿钻的性质和特点,不具备识别仿钻的技能,不保持对仿钻的警觉,就极易把它与钻石混淆。

在进行钻石品质分级的同时,识别出钻石仿制品,是珠宝业界人士必须具备的能力,也是本章的核心内容。要具有这种能力,除了应该熟知现有的仿冒材料的性质和特征之外，还应该始终保持警惕性，并提防新的仿钻品种的出现。

第一节 钻石仿制品的种类

广义地说，任何透明的材料，包括天然的宝石，都可以作为钻石的替代品来仿冒钻石。但是，部分材料，尤其是天然宝石，由于外观上与钻石相距太远，或者不宜切磨与配戴，实际上较少用于做钻石的仿制品，例如水晶、无色托帕石、白钨矿、锡石和闪锌矿等。用于仿冒钻石、制作廉价仿钻首饰方面大显身手的是各种各样的人工材料。

现代的人工材料用作钻石的替代品，开始于20世纪初。随着Verneuil发明用焰熔法生长红宝石晶体的成功，用各种人工材料来模仿宝石的活动也日益活跃。最早用来仿冒钻石的人工晶体，即是用焰熔法合成的无色蓝宝石和尖晶石，在20世纪初见于珠宝市场，并称为"Diamondite"。这两种仿钻材料，都有较大的硬度，不过折光率和色散率都比较小，切磨成的仿钻苍白无光，目前已很少用作钻石仿制品。无色的合成蓝宝石在制表业中找到了新用途，即所谓"永不磨损的表壳玻璃"。

1947年，焰熔法合成的金红石问世。合成金红石具有很高的折光率和色散率，尤其是色散率，居然比钻石的色散率高出6倍，切磨抛光后，具有极强的火彩，虽然非常漂亮，但与钻石的外观却有较大的差别。合成金红石最大的缺陷是硬度太低，摩氏硬度仅为4左右，不适于做首饰，没有成为重要的钻石仿制品。实际上，在现今的珠宝市场上，已很难找到合成金红石，即使是当作标本。

另一种折光率与色散率都很高的材料是1953年用"彩光石"（Fabulit）的品名见于市场的钛酸锶。钛酸锶也是用焰熔法制造的人工晶体。钛酸锶的折光率为2.40，色散率0.19，约是钻石的4倍，切磨之后，其外观比合成金红石更像钻石。但是，**钛酸锶的硬度仍**

然太低,摩氏硬度仅为 5 左右,因而也没有成为生产商所希望的"钻石最佳替代品",目前在市场上已很难见到。

钇铝榴石,简称 YAG (Yttrium Aluminum Garnet),是一种具有石榴石结构的氧化物(石榴石是硅酸盐),于 1960 年见于珠宝市场,成为当时常见的钻石仿制品。钇铝榴石是用助熔剂法或提拉法生产的人造晶体,用于首饰的钇铝榴石多采用生产成本较低的提拉法。钇铝榴石的硬度较大,摩氏硬度约为 8。硬度虽然较大,但折光率仅为 1.83,色散率仅为 0.028,几乎只有钻石的一半,所以亮度和火彩远不及钻石。目前,在市场较为少见。

另一种与钇铝榴石一样具有石榴石结构的氧化物称作钆镓榴石,简称 GGG (Gadolinium Gallium Garnet),是用提拉法生产的人造晶体,折光率为 2.03,色散率为 0.038,与钻石相当接近,切磨成圆明亮式琢型之后,具有与钻石相似的外观,而且硬度也较大,摩氏硬度为 6.5。但是,钆镓榴石也没有成为钻石仿制品的主要材料。其中一个重要的原因是,钆镓榴石在紫外光的照射下,会变成褐色,并产生雪花状的白色内含物。这种现象会因阳光中所含的紫外光所诱发,成为制造仿钻的一项不利因素。

另一些与钇铝榴石相似的材料,例如氧化钇(Y_2O_3)、铝酸钇($YAlO_3$)和铌酸锂($LiNbO_3$)等,也都有很高的折光率和色散率,与钻石接近。但这些材料都是双折射的,有的硬度也较低,少用做仿钻。

1972 年,前苏联的研究人员(Aleksandrov 等)使用了一种称为"冷壳法"的技术,生长出了熔融温度高达 2 800℃左右的立方氧化锆晶体。立方氧化锆是两位德国化学家(Von. Stadkelberg 和 Chudoba)于 1937 年在高度蜕晶化的锆石中发现的微小颗粒。当时这两位科学家没有给它定矿物学名称,所以至今仍用它的晶体化学名称"立方氧化锆"(Cubic Zirconia,简写 CZ)。前苏联的技术在美国、英国和德国等国家申请了专利。1976 年起,前苏联把无色的合成立方氧化锆作为钻石的仿制品推向市场，它迅速取代了其它的钻石仿制品，如钇铝榴石、钆镓榴石和钛酸锶等，一跃成为最风行的仿钻。

合成立方氧化锆的折光率（2.15左右）和色散率（0.056）与钻石都比较接近，并且不像钆镓榴石易于在紫外光下变色。硬度也较高，摩氏硬度为8.5，切磨和抛光性能好。切磨成圆钻琢型，其亮光和火彩与钻石相近，成为当今最佳的钻石仿制品。合成立方氧化锆制作的仿钻，有时被不适当地称为"俄国钻"、"苏联钻"等，极易使人与产自西伯利亚的天然钻石产生联想。

仿钻的品种虽然很多，包括有天然的和人工的替代品，但是与钻石相比，仍有许多不同之处，对有经验的珠宝商或鉴定师，不难在十倍放大镜下，或辅以简单的方法加以区别。即使已经镶嵌成首饰的情况，也同样不难做到。这是应该首先掌握的技能。虽然，准确地确定出仿钻的品种不太容易，有时不得不使用各种特殊的仪器，但在很多情况下，尤其是在商贸之中，区别出钻石与钻石仿制品是最重要的。

第二节 放大镜下钻石与仿钻的区别

放大镜是一种简便而有效的仪器，应用它能观察到许多与宝石的性质有密切联系的现象，获得区别不同宝石的依据。用放大镜区别钻石与仿钻石，要有目的地从切工特征、切磨特点、光泽及火彩、内含物、刻面棱重影等各个方面进行观察。

1. 切工特征

切工特征是指切磨成圆明亮式琢型（或其它琢型）的仿钻，由于材料特性、加工工艺和精心程度等方面的差异，表现出与琢型有关的特征现象，据此可以作为仿钻的识别标志。

（1）圆明亮式琢型的特征

对标准的圆明亮式琢型的各个刻面的大小都有一定的要求，尤其是亭部的上腰小面要磨得很长,要深入到底尖附近,使得下主小面呈细长的竹叶状。凡是切磨成标准圆明亮式琢型的钻石都具有这种标准的形式。而仿钻则往往有各种偏离(图6-1),其下主小面常常比较大。

(2)切磨特点

一般的仿钻,往往没有什么内含物,少有裂隙,通常也不带色调。具有相同质量的钻石,则属于较高的品级。对这种品级较高的钻石,钻石切磨师总是倍加小心,使其切工尽量完美,所以通常有很好的精确性和对称性。如多条面棱总是相交于一点,各个小面的形状与大小基本一致等。但是,切磨仿钻,多属于低产值的产业,而且为了降低成本,切磨时不可能花费较多的时间。所以,与钻石相反,在切磨的精确性和对称性上都比较差(图6-2),面棱往往不相交于一点,对称性较差。

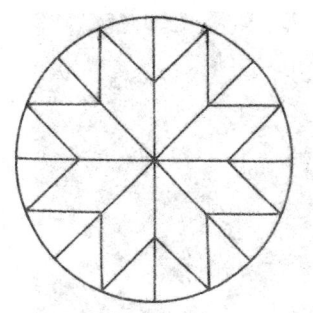 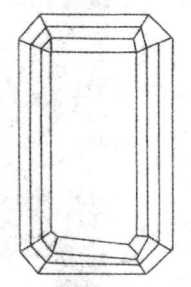 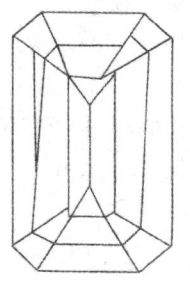

图6-1 仿钻的一种琢型　　图6-2 仿钻的对称性较差
(下主小面较大)

如果使用自动化的切磨工艺,则可以提高仿钻的切磨质量,使上述的现象减少或消失。但是有可能出现另一种偏差,冠部与亭部对应刻面对不齐,并且在腰部上的所有对应点都呈有规律的等距偏移(图6-3)。需要注意的是,钻石也有采用自动切磨技术的,也可能出现相同的偏差。

（3）刻面反射图案

对于圆钻，从冠部正面透过冠部刻面观察亭部刻面以及经亭部刻面反射所形成的一些图案，来判断冠角大小、亭部深度，是圆钻比率评价时常使用的方法。对钻石，这些现象有其规律性和特征（参见第四章）。但对于用其它材料切磨成的标准圆明亮型仿钻，这些现象

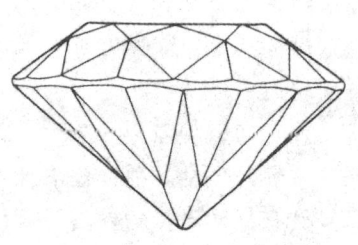

图6-3 自动化切磨造成亭部与冠部刻面有规律的错位

的规律性就要产生变化。例如，对于立方氧化锆的仿钻，所观察到的台面经亭部刻面反射的影像常常很大，几乎占满整个台面，而这种现象，在钻石中是比较少见的，除非是亭部深度很大的圆钻。其次，观察到的下主小面的影像连续性好，只相当于圆钻25°—28°冠角的情况（图6-4），而实际的冠角（如果从侧面看）远大于此。这些现象，可作为对仿钻的识别特征。

2. **切磨特点**

（1）抛光痕

钻石的抛磨是利用钻石不同方向上的硬度差异，用细粒的钻石来抛磨宝石级的

图6-4 立方氧化锆仿钻的刻面反射图案

钻石。所以，在抛磨时要寻找钻石最软的方向，往往对不同的刻面，需要从不同的方向来进行抛磨，从而导致不同类型的刻面上残留的抛光痕的方向不一致（图6-5）。而仿钻的抛磨工艺与钻石不同，是

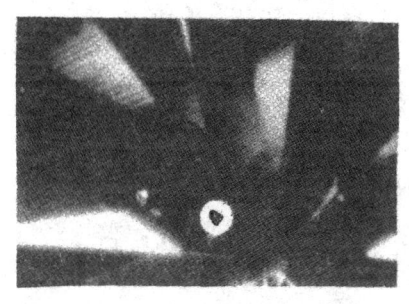

图6-5 钻石不同刻面的抛光痕

利用比仿钻材料硬度更大的磨料来研磨仿钻,按正常的工艺,各个刻面的抛光痕的方向是较一致的,除非特意地模仿钻石的抛磨方式。所以,表面上残留的抛光痕的分布方向,可作为识别钻石与仿钻的又一个特征。

(2) 腰棱及腰棱须边

钻石的腰棱有3种状态:车磨、抛光和刻面抛光。仿钻的腰棱一般不抛光。但是,为了模仿钻石,也会特意加以抛光。具有鉴别意义的是车磨的腰棱。钻石的车磨腰棱呈细粒状的表面,似白霜状。如果车磨过快,会带有细微的小裂隙。仿钻的粗磨腰棱则常常可见磨痕,磨痕还往往与腰棱形成一定的角度(图6-6),这是仿钻的标志。

(3) 刻面及面棱的特征

钻石的刻面多抛磨得非常平坦,尤其是面积较大的台面更为突出。仿钻台面的平坦度多不如钻石,带有一定的弧度。判断台面是否平坦的方法是观察台面反射窗户(或日光灯)的影像。如果影像发生扭曲,即说明台面

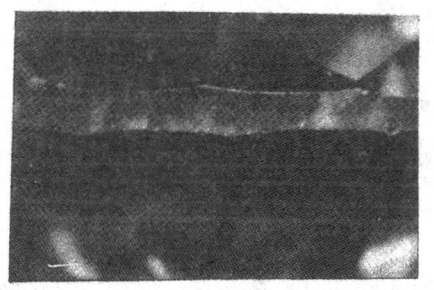

图6-6 仿钻腰棱上的磨痕

不平坦。检验时,直接用肉眼在明视距离的范围内,观察从台面反射出的影像。

两刻面相交的面棱的尖锐程度,也是区别钻石与仿钻的特征。硬度小于7(摩氏硬度)的仿钻,不可能有尖锐的面棱。硬度大于7的仿钻,也必须有合理的工艺,才能出现尖锐的面棱。不够尖锐的面

棱在十倍放大镜下,呈现成发亮的细线。而钻石的面棱,则非常尖锐,在十倍放大镜下,呈现成一条很细的黑线。此外,有些仿钻的脆性大,容易在面棱及腰棱上形成小破口。

3. 光泽与火彩

光泽与火彩也是可用于鉴别钻石与仿钻的重要现象。仿钻材料的光泽与火彩之间有相当密切的联系。仿钻的折光率越大,其色散率也往往越大,其光泽和火彩也越强。所以,折光率低的仿钻,不仅光泽弱,其火彩也弱,看起来缺乏生气。例如,水晶、托帕石、合成尖晶石、合成蓝宝石、人造钇铝榴石等都可以根据光泽和火彩特别弱的特征而与钻石相区别。尤其是当它们都具有圆明亮式琢型时,这种区别就更加明显,若有经验即可识别。

另一方面,有些折光率与钻石接近的材料,其色散率很大,切磨之后,火彩过强,色散形成的颜色明显可见,如人造钛酸锶、人造铌酸锂和合成金红石等材料切磨成的圆钻型仿钻即具有这种特征。认识之后,即可与钻石区别。

另一些仿钻材料,如锆石、人造钇镓榴石、合成立方氧化锆等的折光率和色散率与钻石的差异较小,需要有较丰富的经验才能依光泽和火彩存在的较小差异与钻石区别开。

4. 刻面棱重影

具有双折射性质的仿钻材料,当双折率较大时能形成明显的刻面棱重影现象,依此可与单折射的钻石区别。锆石、铌酸锂和合成金红石的双折率分别为 0.059、0.090、0.278,在十倍放大镜下均可见明显的刻面棱重影(图 6-7)。但在观察时,也要注意正确的方法,即从不同的方向进行观察,避免仅从平行光轴或近于平行光轴的方向观察。这一方向上,无双折率或者双折率很小,在放大镜下不易看出刻面棱重影现象。而在垂直于光轴的方向上,可见到最为明显的刻面棱重影。

另一些双折射率小的材料,如水晶、托帕石、无色蓝宝石(天然或合成),在放大镜下则不易看到刻面棱重影现象。

5. 内含物的特征

钻石的内含物与仿钻的内含物,尤其是一些合成或人造材料的仿钻,有本质的区别。具有鉴别意义的内含物有:

(1) 羽状裂隙

钻石具有发育的解理,而

图 6-7 仿钻的刻面棱重影

仿钻材料往往没有,使得钻石的裂隙可具有与仿钻不同的特征。大多数仿钻的裂隙面都显示贝壳状断口的特征(图 6-8),钻石的裂隙面虽然也有贝壳状断口的外观,但仔细观察时通常还可发现有平直且平行的由解理诱发的条纹(图 6-9)。此外,钻石还可具有平直的解理裂隙。

图 6-8 仿钻的贝壳状断口

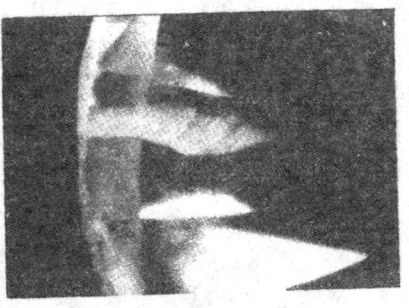

图 6-9 钻石的羽状裂隙
裂隙面上有因解理诱发的平行条纹

(2) 晶体包裹体

各种人造材料切磨的仿钻都不具有晶体包裹体,而钻石可以含有晶体包裹体。所以,晶体包裹体可以作为鉴别钻石与仿钻的一种证据。钻石常见的晶体包裹体有：橄榄石，通常呈无色或白色的外观；石榴石，通常呈红色或红褐色的晶形完好的晶体；铬铁矿，呈黑色的晶粒；硫化物矿物，暗色且具有强金属光泽的晶粒。

(3) 生长结构

各种人造材料，由于所用的晶体生长方法，如焰熔法、提拉法和冷壳法等，不具有在钻石中可以出现的生长纹、双晶纹以及钻石腰棱上残留的原晶面上的晶面纹理等。

第三节 鉴别钻石与仿钻的简单测试

虽然仿钻可具有与钻石相近的外观，但其物理性质的差异却很大，可以通过一些简单的方法来找出这些差异。

1. 透视效应

透视效应是指从亭部透过样品看到冠部一侧图象的清晰程度。这一方法适用于区别标准圆明亮式钻石和仿钻。折光率低于钻石的仿钻，透视效应较强；折光率与钻石几乎相同或高于钻石的仿钻，透视效应弱，并与钻石的透视效应程度相近。

透视效应的测试方法是，在画有黑线的白纸上，把钻石或仿钻样品台面朝下放在黑线上，垂直地从亭部一侧透过样品查看压在台面下的黑线。切工比例好或较好的圆钻，看不到黑线；同样，折光率很高的仿钻，如钛酸锶和合成金红石，也看不到黑线；而其它折光率较低的仿钻样品，则可以看到黑线，并且，折光率越低，黑线越清楚（图6-10）。

这一方法的局限性是，不适用于花式琢型的钻石或仿钻石的鉴别，也不适用于已镶嵌样品的鉴定。此外，切工比例太差的圆钻也不适用。

2. 触感和呵气试验

钻石的热导率很高，而仿钻的热导率（除个别外）远低于钻石，表6-1列出了它们之间的相对热导率。外观上与钻石较相似的仿

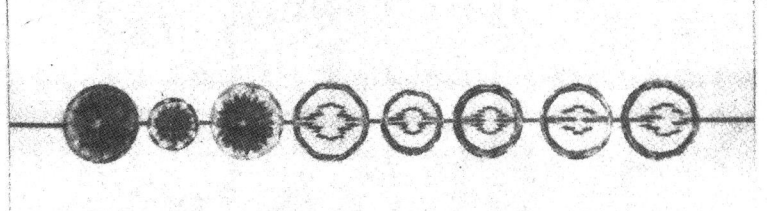

图 6-10 透视效应
从左到右依次为合成金红石、钻石、人造钛酸锶、合成立方氧化锆（CZ）、
人造钆镓榴石（GGG）、锆石、合成蓝宝石和合成尖晶石

钻，如立方氧化锆、钛酸锶和钆镓榴石等的热导率相当低。而热导率相对高一些的仿钻，如合成蓝宝石、合成尖晶石、钇铝榴石等，又因折光率和色散率与钻石相差较大，外观上与钻石有较大的差异。虽然锆石的热导率和色散率也较高，但具因明显的双折射引起的重影以及由于脆性造成的面棱破损。所以，对外观与钻石接近的仿钻，依热导率的差异，可以方便地加以区别。触感与呵气就是利用这一性质的简单试验。

表 6-1 钻石及常见仿钻的相对热导率

品种	相对热导率	品种	相对热导率
铅玻璃	0.16	锆石	1.22
水晶	1.00	人造钆镓榴石	0.61
合成尖晶石	1.16	立方氧化锆	0.24
合成蓝宝石	1.46	钛酸锶	0.85
人造钇铝榴石	1.08	钻石	1.65

所谓触感试验，就是用皮肤感觉样品的冷暖。这一试验要遵循如下的步骤：把待测样品放在桌子上，待样品的温度与温室一致后，用镊子夹住样品的腰棱（不可用手指持拿），用样品的台面接触对冷

暖敏感的额头或鼻尖，感觉样品的冷暖。钻石显凉感，而上述仿钻则显温暖的感觉。在试验中，注意不要让镊子接触到皮肤。这一试验需要练习，以保持对钻石触感的记忆。同时也要注意，不同室温下触感会有所不同。为可靠起见，可以准备一块立方氧化锆或合成蓝宝石（或钻石）的样品以资对比。

呵气试验也可以区别钻石与仿钻。如果对样品呵气，钻石蒙上的水汽会很快蒸发干，而仿钻则相对较缓慢。热导率越低，蒸干的速度越慢。但水汽蒸干的速度与室温也有关系。一般地说，室温越高，蒸干的速度也越快。所以，也要有已知样品进行比较，才能可靠。呵气试验时，要在放大镜下观察水汽蒸干的过程。这一检验方法不宜在夏季使用。

3. 已无实际意义的亲水性试验

材料的亲水性与材料的表面性质有关。钻石具有亲油性，而难以被水浸润。水滴滴在钻石表面时，会形成高耸的水珠。而个别仿钻如无色绿柱石的亲水性比钻石强，易受水的浸润，不形成高耸的水珠。做这一试验时，要用绒布或洗涤剂把样品的待测表面清洗干净，并在放大镜下观察水滴的形状。但是，大多数仿钻，例如CZ、YAG、锆石等，也能形成与钻石相似的高耸水珠。所以，这一方法已没有什么实际的意义了。

4. 硬度测试

钻石是硬度最大的材料，仿钻材料中，合成蓝宝石的硬度最高，但是仍比钻石低很多，所以钻石可以刻划合成蓝宝石，而其它的仿钻的硬度低于合成蓝宝石，都刻划不动蓝宝石。

硬度测试可准备一块具有抛光平面的合成蓝宝石。测试时，用样品的腰棱的尖端或样品其它不易受损的尖端，刻划蓝宝石的抛光面，然后用放大镜观察刻划留下的痕迹。

应用硬度测试之前，必须做一些练习，用已知的钻石与蓝宝石刻划硬度块，以掌握合适的刻划力度。如果过分地用力，蓝宝石也能在硬度块上造成划痕。反之,用力过轻,钻石也不会在硬度块上留下划痕。

综合使用以上的各种方法,即可快速而准确地区别钻石和仿钻石。

第四节 鉴别钻石的常用仪器

钻石与仿钻石的鉴别除了前面所提到的各种方法之外,还可以使用本世纪80年代新研制的专用仪器。这些仪器对钻石的鉴别既方便又可靠,成为宝石学中最常用的仪器。

1. 钻石热导仪

钻石的热导率很高,应用热导仪可以快速地鉴别钻石与仿钻石。甚至对小至0.01 ct的小钻石,也可准确地加以识别。钻石热导仪有多种型号(图6-11),但工作原理都非常相似,一般都由一个热探头和显示热探头温度变化的电路组成。当热探头与钻石或仿钻接触时,热探头会因所接触的材料的热导率不同,产生的温度变化不一,

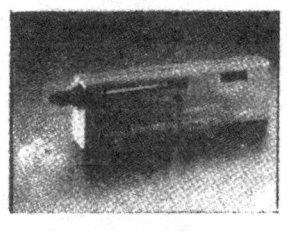
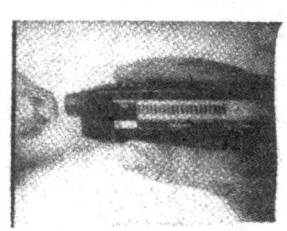
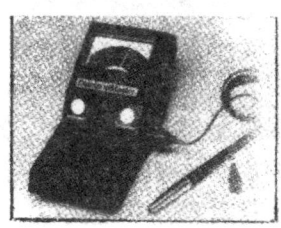
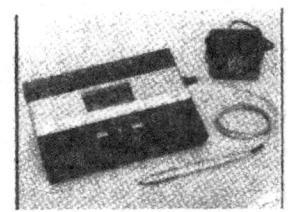

图6-11 各种热导仪

这种差异可由仪器电路显示，借以区别钻石与仿钻石。

使用钻石热导仪时，要仔细阅读说明书，遵照说明书的要求或步骤进行操作，并且注意下列影响热导仪的因素。

（1）样品的大小

热导仪对大的样品要比小的样品有更强的显示。为了消除样品大小的影响，对未镶嵌的样品，应该放在专门用来放置样品的由热导率较高的金属制作的热池上。对镶嵌的样品，也要注意样品大小可能造成的差别。有些型号的热导仪可以根据样品的大小进行测试条件的设定。

（2）温度

样品的温度也会影响热导仪的测试结果。样品的温度越高，热导仪的显示也就越弱。热导仪要求样品应具有与室温一致的温度。可能导致样品温度不同于室温的原因有：

①体温，如果样品一直佩戴着，或者刚从衣袋里拿出来，或用手持拿，都可使样品升温，使之与室温不同。当差异较大时，可能造成测试错误，钻石将不显示钻石反应。

②热探头，由于热探头的温度较高，测量之后会使样品的温度略有升高。如反复测量，则会导致样品升温。温度升高的样品，热导反应迟钝，出现错误信号。所以，对同一样品的重复测试，应该在每次测量之间有时间间隔，使样品的温度恢复到室温后再做下一次测试。

（3）测试压力

测试压力指热探头与样品接触的压力，其大小也会影响热导仪的测试结果。有些类型的热导仪，在探头上装有弹力装置，以保证获得适当的压力。没有这种装置的热导仪，在使用时，不可忽重忽轻，用力要恒定，并且不能过分用力，否则会损坏热探头。

（4）其它因素

环境温度的急剧变化也会影响测试结果。例如，在电风扇下因气流的运动,也会对热导仪测试产生不利的影响。

另一个要注意的问题是,合成蓝宝石的仿钻是用热导仪鉴别时最可能产生错误的种类。对此可采用标准样品比较的方法来减小发生错误的可能性,即选用与待测样品大小相似的合成蓝宝石标样做对比测试。这一方法,还可以避免因仪器电路故障造成的错误。

总之,使用钻石热导仪,应该掌握有关的知识和技巧。只有这样,才能保证测试结果的正确性。

2. 反射仪

钻石和各种仿钻的折光率一般都很高,常规的珠宝折光仪测量不到它们的折光率。但是根据透明材料反射率与折光率之间的关系 $[R=(n-1)^2/(n+1)^2]$,可以通过测量反射率来间接地获得样品的折光率。用于测量反射率的仪器称为反射仪。

宝石反射仪有多种型号(图6-12)。由于反射仪与热导仪在鉴别仿钻上具有互补性,故有些厂家把反射仪与热导仪组合在一起。大

图6-12 珠宝反射仪

多数型号的反射仪已把反射率的数值转换成宝石学家熟悉的折光率数值。从理论上说,通过反射率的测量来间接地测量折光率的方法不受折光率的限制,可测量到2.4、甚至更高的折光率,钻石和仿钻石都在测量的范围内。

但是,反射仪的精确度远不如常规的宝石折光仪。反射仪的实

际精确度往往只能达到0.05,要比珠宝折光仪低25倍左右。其主要原因是受到被测样品抛光质量不一的强烈影响,而抛光质量对宝石折光仪的影响的强烈程度远低于反射仪。样品的抛光质量越高,反射率越高,越接近理论值。所以从理论上说,测量到的最高值最接近被测样品的真实折光率。

反射仪有一个测试小孔,选择样品的一个抛光平面(多选台面)放在测试孔上。测试时要用遮光罩挡住外来光线,按下开关即可读出仪器所显示的数值。由于测试孔很小,每个样品要多测几次,每测一次要稍稍移动样品,以期获得更准确的折光率(或反射率)值。但是,在实际测量中有可能出现特高或特低的不正常数值,应略去。它们产生的原因有:

①样品的背面反射作用,这时,不仅有表面上的反射光线,而且还有背面的反射光线进入了测试孔照到仪器的光敏探头上,使读数偏高。

②样品内部的内含物反射作用,与背面反射作用的结果一样,导致读数偏高。

③样品表面不平坦,导致应该经表面反射进入小孔的光线偏移,仪器接收不到光信号,使读数偏低。

此外表面上的油脂、污物以及平行的抛光痕或擦痕也会极大地影响测试结果。在使用反射仪时要注意这些可能导致不良后果的因素。反射仪能够测出仿钻的近似折光率,能够帮助确定仿钻的种类。

第五节 常见仿钻种类的鉴别

商贸中虽然区别钻石与仿钻是最重要的,但在不少场合仍会遇到需要进一步确定仿钻种类的要求。仿钻之间的相互鉴别是以各种仿钻材料的特性测定(表6-2),以及与这些物质有关的现象的观察为基础的。应用前面介绍的各种方法,可以达到鉴别常见仿钻种类的要求。

表6-2 钻石和常见仿钻的性质

名称	成分	折光率	双折率	色散率	硬度	密度 (g/cm³)
钻石	C	2.417	无	0.044	10	3.52
钇铝榴石	$Y_3Al_5O_{12}$	1.83	无	0.028	8	4.57
铝酸钇	$YAlO_3$	1.929—1.952	0.023	0.033	8.75	5.35
钆镓榴石	$Gd_3Ga_5O_{12}$	2.03	无	0.038	6.5	7.05
立方氧化锆	ZrO_2+CaO	2.17	无	0.060	8.5	5.65
铌酸锂	$LiNbO_3$	2.21—2.30	0.090	0.130	5.5	4.65
钛酸锶	$SrTiO_3$	2.41	无	0.190	6	5.13
合成金红石	TiO_2	2.62—2.90	0.287	0.280	6	4.25

1. 合成金红石

合成金红石具有很高的色散率(0.280),其火彩非常明显。合成金红石带有黄色色调,还有极大的双折率(0.287),刻面棱重影极为明显。这些特征既明显,又与其它的仿钻种类都不相同。实际上,只要见过合成金红石,即可识别之,是仿钻中最易于识别的品种。

2. 人造钛酸锶

人造钛酸锶的别名是光彩石,源于其醒目的火彩,尽管没有合成金红石那么强。其色散率(0.090)是钻石的5倍,也比除合成金红石外的其它种类的仿钻都大。此外,人造钛酸锶的硬度低,抛磨质量往往不佳。这些都是鉴别钛酸锶的重要特征。钛酸锶的折光率也很高,在抛光良好的情况下,可用反射仪与其它仿钻相种类相区别。人造钛酸锶也是易于识别的一种仿钻。

3. 合成立方氧化锆和人造钆镓榴石

仿钻中合成立方氧化锆(CZ)和钆镓榴石(GGG)的性质比较接近,两者之间的区别相对来说比较困难。但这两种仿钻,可以依其外观与钻石最相似而与其它的仿钻相区别。钆镓榴石很少见于市场,而且密度特别大,达7.5g/cm³,如果未镶嵌,可以掂量出这种特大的比重。此外,也可用反射仪测出近似折光率(GGG 为 2.05 左右,CZ 为 2.15 左右)加以区别。

4. 锆石

锆石是天然宝石中可作为钻石仿制品的最好的一种材料。切磨后,锆石仿钻的亮光和火彩都比较好,与钇镓榴石及合成立方氧化锆仿钻相似。但是锆石具有较大的双折率(0.059),刻面棱重影现象相当明显。另一个鉴别特征是锆石的脆性极大,通常可见破损状的面棱,依这些特征不难与其它的仿钻区别开。

5. 人造钇铝榴石、合成蓝宝石和合成尖晶石

钇铝榴石的仿钻也曾风行一时,至今在市场上仍可见到其踪迹。虽然钇铝榴石的折光率超出了标准珠宝折光仪的测量范围,仅为 1.83,而且色散率也很低,在外观上与合成蓝宝石、合成尖晶石并没有太大的区别。这 3 种仿钻的火彩与亮光都很弱,易于和其它的仿钻及钻石相区别。但是,它们相互之间的区别则比较困难。合成蓝宝石虽有双折射,但双折率仅为 0.009,用十倍放大镜不易看到刻面棱重影。它们的鉴别需要借助于宝石学仪器。合理地应用热导仪也能达到目的。合成蓝宝石的热导率最高,合成尖晶石次之,钇铝榴石最低(表 6-1)。为此要会观察热导仪的反应程度,指针式或数字显示式的热导仪较为适用,声光显示式的热导仪则较不便于区别较小的热导率差异。

6. 铅玻璃

铅玻璃也是一种常见的仿钻品种,折光率常在 1.70—1.85 之间,色散率也可高达 0.060 左右。其外观可以与钻石相似,也可以与其它品种的仿钻相似,鉴别上较为困难。主要的鉴定特征是:

①铅玻璃的硬度较低,故常出现磨损或圆化的面棱,依此可与硬度较高的仿钻种类如合成蓝宝石、立方氧化锆等相区别。

②铅玻璃仿钻可能带有模压的特征,这是其它仿钻所没有的。

③铅玻璃的热导率很低,触感温暖,用热导仪测试反应极弱,依

此可以与合成蓝宝石、钇铝榴石、合成尖晶石等相区别。

此外,铅玻璃仿钻还可能存在气泡和流纹等为特征的内含物,并且,色散率中等,不如合成金红石、人造钛酸锶大,火彩也相对较弱。

对铅玻璃仿钻的鉴定,要通过各种性质的比较,方可达到目的。

7. 合成碳硅石 (Synthetic Moisanite)

合成碳硅石是最近出现的钻石仿制品,由美国C3公司生产,1998年开始供应市场。合成碳硅石的某些物理性质与钻石相似,如具有很高的热导率,用常规钻石热导仪不能加以区分,硬度大,摩氏硬度达9.25,折光率高(2.65—2.69)等。由于合成碳硅石的热导率高,刚问市时,有些业者因未能掌握识别的方法而蒙受过损失。另一方面合成碳化硅的市面价格相当昂贵,大约是钻石的1/3,比其它的仿钻高出数10倍,所以加工一般都相当的完美,使之更易于和钻石混淆。合成碳硅石的识别特征主要有:

(1) 明显的重影现象

合成碳硅石属于六方晶系,是非均质体,其双折率高达0.040,在10倍放大镜或者显微镜下可以观察到明显的面棱重影现象(参见本章第二节的相关内容)。

(2) 火彩较强

合成碳硅石的色散率为0.104,比钻石(0.044)大,接近钛酸锶的色散率值,故其火彩比钻石更为明显,只要注意区别,即能加以分辨。

(3) 相对密度较小

合成碳硅石的相对密度为3.22,比钻石(3.52)小,而且小于珠宝鉴定中常用的二碘甲烷比重液(3.30)。钻石在该比重液中下沉,而合成碳硅石则上浮。

此外,由于合成碳硅石有时含有细管状的包裹体,可呈淡灰绿色调的体色,刻面的面棱不够尖锐,反射率大于钻石(可用反射仪测定)等特点,所以,合成碳硅石的鉴别并不困难。

第七章　钻石的评估

几乎在珠宝业的每一个环节、每一个时刻都会遇到对所见钻石进行品质与货币价值评估的问题。

钻石的货币价值是建立在钻石的品质与市场行情的基础之上的。钻石的品质通常用钻石分级证书加以证明。分级证书不对钻石的货币价值作评价。钻石估价证书直接评估钻石的货币价值。评估钻石价值，不仅需要有评价钻石品质的知识和能力，而且还要了解钻石的成本构成的基本因素和市场情况。由于这些因素的复杂性和多变性，对钻石、钻石首饰或任何珠宝首饰进行估价都要非常谨慎。即使长期从事珠宝商贸，遇到相对陌生、不太熟悉其市场行情的品种，也要做必要的咨询，以免失去信誉，甚至造成经济损失。本章将概要地介绍与钻石评估有关的内容。

第一节　钻石分级证书

1. 钻石分级证书的作用与要求

钻石分级证书是对所评述钻石的品质的保证。在珠宝商贸中，多作为批发商或零售商保证其所出售的钻石具有证书所评定的品质。证书的这种作用在钻石零售中最为重要。对于购买昂贵的钻石，而又知之不多的大众，都希望能够得到书面保证，保证其所购之物确为物有所值的钻石。这种起到保证作用的钻石分级证书，可以由零售商、批发商或生产厂家签发。但是，绝大多数的证书都是由更具公正立场、社会信誉和形象卓越的专业珠宝鉴定机构或研究机构签发。为了使证书能够发挥出特有的作用，促进钻石及其首饰的商贸活动，并且维护市场的稳定和社会正义，同时也维护签发机构的应有权益，钻石分级证书要求做到：

①对钻石的品质特征描述准确。

②对钻石品质的评价准确。

③证书格式规范，用语严谨。

④不被误用和泛用。

钻石分级证书中的各项内容，起着3种作用：

第一种作用是对钻石品质的描述与评价，相应的内容有钻石的重量、切工、净度和色级的描述与评价，是钻石分级证书的主要作用。

第二种作用是确定钻石的身份，有关的内容包括对所评价钻石（或首饰）的琢型（或款式）的描述、样品的精确重量和大小尺寸、净度特征素描图、证书编号、分级师签章等。这些内容往往被认为是证书的次要部分，如没有给予足够的重视，将导致致命的纰漏。国际上，许多鉴定机构都采取专门的措施，以保证证书与样品的唯一对应性。

第三种作用是防止证书被误用和泛用，并避免承担超越证书范围的责任。通常用证书声明的形式加以强调。

2. 钻石分级证书的具体内容和格式

钻石分级证书有较为一致的内容和相似的格式，根据国标GB/T-16554-1996钻石分级标准的要求和国际上钻石分级证书的一般内容，以及为了使证书能发挥前述的3'种作用，对证书的内容和格式做下面的归纳和解释。

（1）证书名称

依不同的出证机构，证书常用不同的名称，如钻石鉴定证书、钻石分级报告等。不管使用什么名称，最重要的是使用了"钻石"一词。"钻石"，当无其它注释时，即表示天然钻石。所以，当使用"钻石"作为证书名称的组成部分时，即意味着该证书所证明的宝石是天然钻石，不是合成的钻石、钻石仿制品，也没有经过人工处理（仅激光打孔处理除外，但须在证书中说明）。并且，即便证书中不再提到关于钻石鉴定的依据和结果，也意味着这些工作是理所当然地做过了，并确认所描述和评价的样品是天然的钻石。鉴定机构或鉴定人必须对此负全部责任。

（2）证书编号

编号是证书管理的一种方法，便于对证书的核对复查。

（3）琢型的描述

证书中要用正确的术语描述钻石的琢型。常见的钻石琢型有圆明亮式琢型、椭圆明亮式琢型和变形明亮式琢型、祖母绿琢型、梯形琢型、公主琢型等。

（4）钻石首饰款式的描述

如果钻石已被镶嵌，除了要描述钻石的琢型之外，还要描述钻石首饰的款式。首饰的款式种类过多，一般按戒指、耳坠、项链、胸花和手链分类后，再加上男或女式。对钻石多于一粒的首饰，还要区分出主要钻石与陪衬钻石，即所谓的"主石"与"陪石"。主石将是证书描述和评价的主要对象。如果没有特别的要求，或者作为陪石的钻石小于0.1ct，证书可以不对陪石作评价。如果首饰上的陪石不是钻石，则应在证书中注明陪石的种类。所以在证书上，这一栏的内容要包括首饰款式、主石和陪石。

（5）钻石的尺寸

要评价的钻石，必须测量出其大小尺寸。尺寸用毫米为单位，要求准确到十分位，并估测到百分位。根据钻石不同的琢型，测量出有代表意义的尺寸。对圆明亮式琢型，要测量出腰棱直径和高度，由于钻石的腰棱圆度往往有误差，直径测量的位置不同，数值也会不同，故要记录下直径的最大值和最小值，并按直径（最大值）×直径（最小值）×高度的方式记录在证书上。对于花式琢型的钻石，则要测量出腰棱的长径、短径及高度，按长径×短径×高的顺序记录在证书上。对钻石首饰，只测量主石的尺寸。如果主石不止一粒，则要依次一一测量和记录。

（6）钻石的克拉重量

钻石的质量,亦即所谓的克拉重量,在国际上通行以"克拉"为单位。但根据国标 GB/T-16554-1996,钻石质量要用法定重量单位克,克拉重量则用附注形式,即记于括号内,放在以克为单位的重量数值后边。国际上,对钻石克拉重量的商业惯例是第三位小数实行逢九进一,即除了9以外,均不计价。在证书上,可用括号把第三位小数括起来。为了要达到克拉重量的这一要求,以克为单位的重量数值必须精确到第四位小数,即达 $0.000n$。对已镶嵌的钻石,则要称取整件首饰的质量,要用克为单位,称重要准确到第四位小数,这一质量是包括了钻石、陪石和金属托架的总质量。准确的称重也是为钻石或钻石首饰提供身份特征。此外,还可根据钻石的尺寸,计算出钻石的估计质量。估计质量可以只精确到小数点后两位数。

(7) 切工评价的内容

钻石分级证书中切工评价的具体内容,会因使用的标准不同而有差别,例如 GIC 的钻石证书与 CIBJO 的就不一样。根据国际上对切工评价最详尽的要求和国标 GB/T-16554-1996 的要求,切工评价要包括琢型比例的描述与评价及修饰度评价两大部分。修饰度评价又可细分为对称性评价和抛光评价。

(a) 琢型比例

琢型比例是指琢型的各个组成部分的相对大小和(或)角度,包括有:全深百分比、台宽百分比、冠高百分比、冠部角、腰棱厚度、亭深百分比、亭部角和底小面大小。在钻石分级证书中,百分比值可只精确到1%,用百分数表示时为整数。角度值也可只精确到1°,因为,即使用钻石比例仪测量,也很难得到优于1°的精确度。腰棱厚度可用目视的厚度级别术语来描述,或者用百分比数值,同时还在这一栏中描述腰棱的状态。常见的腰棱状态有3种:粗磨的腰棱,即未加抛光,呈磨砂状;刻面抛光的腰棱,腰棱被磨成一系列抛光的小刻面;抛光的腰棱,看上去呈透明的玻璃状的腰棱。底小面大小,可用目视的大小级别术语,也可用百分比。此外,冠部角与冠高百分比两者可只择其一,亭部角与亭部深度也同样可只择其中之一作为证书中的项目。对已镶嵌的钻石,可以不填写这些栏目,或者部分填写,或者记为"大约××"。

(b) 比例等级

比例等级是比例评价的核心内容,一颗钻石被评价为何种比例级别,与所选用的标准有关。国标GB/T-16554-1996把钻石的比例分成3个等级,即很好、好和一般。国际上,多采用四级制,分成优、良、中、差。评价是根据钻石的各项比例数值与最优比例数值的偏离程度来决定的,并且依其中偏离最大的一项比例参数来定级别。比如,在所有的比例参数中,除了腰棱厚度之外,其它参数均符合优等的比例参数标准,但腰棱厚度为极厚,是比例标准中等级为"一般"或"差"的最低比例等级的腰棱厚度,那么该钻石的比例等级要定为"一般"或"差"。

在证书中,要在"比例等级"这一栏目下注明比例的等级,很好、好、一般(和差)。对已镶嵌的钻石,可以不加评价,或者记为"很好—好"或者"好——一般"。如果分级师对比例等级很有把握,也可评定成"优"或"好"等准确的级别。

(c) 修饰度评价

在国际上,修饰度评价多分成对称性和抛光两项分别进行评价,并且,不对修饰度做总的评价。但是,在国标GB/T-16554-1996中,把对称性特征与抛光特征综合在一起考虑,不再分别评价对称性和抛光,并且,对对称性的考查也过于简略,可操作性存在问题,应加以注意。

(8) 净度等级

净度等级是钻石评价中最重要的内容之一,在该栏目下,用国际性术语,即等级的英文缩写,表述钻石的净度等级。国际GB/T-16554-1996中所规定的中文术语也可使用。对已镶嵌钻石,可记为"近似净度:VVS_2—VS_1"等。

(9) 颜色等级

使用从 D 开始的英文字母的国际性色级术语来记叙钻石的色级。此外，也可考虑使用国标 GB/T-16554-1996 中提到的描述性色级术语。对已镶嵌钻石，可记为"近似色级：H—I"等。

(10) 荧光反应

荧光强度分成无、弱、中、强和极强，在证书上先记录荧光强度，其后加注荧光的颜色。

(11) 净度特征素描图

净度特征素描图也是钻石分级证书不可缺少的组成部分，它起到对净度等级补充说明和确认钻石身份的作用。另一方面也可使证书的内容更为丰富多彩。对钻石的净度特征，用国际上统一的符号画在钻石琢型的冠部投影图和亭部投影图上。内部特征用红笔画，外部特征用绿笔画。为使证书美观，绘制时一定要有耐心，虽然标记的符号不必和净度特征的实际大小一样，但比例必须适当，位置也要准确，并且，要在图下对所用的符号的含义作简洁的说明。已镶嵌的钻石可以不做此项检测。

(12) 备注

备注用来记叙不能在上述的栏目中评价或描述的特征，例如经激光打孔处理的钻石可在备注中说明，因云雾而降低了净度等级的钻石也可在备注中说明。所以，尽管备注没有规定必须填写的内容，但也是证书不可缺少的组成部分。

(13) 等级坐标

在证书中还可以含有等级坐标、如色级坐标、净度坐标、切工等级坐标等。这些内容都在证书中已经有了专门的项目加以说明。所以，等级坐标不是必须的。只是，这种坐标可更加直观地表达钻石的品质，并对分级证书起装饰作用。

(14) 签名和日期

签名一定要由分级师书写。一般地说，证书要有两位以上分级师的签署,未经签署的证书无效。表达时间概念的签发日期亦不可疏漏。

(15) 鉴定机构或鉴定人的地址

由于钻石分级证书流传很广,并可转给第三者,如果没有地址,持有证书的大众,很可能无法与鉴定机构取得联系,以验证证书的真实性,并可被理解为是为了逃避应负责任的故意行为。为了维护证书的信誉,增强持证者的信心,证书上还应该公布能与鉴定机构快捷联系的通讯地址,如电话、传真、电子信箱等。

(16) 声明

声明与证书中其它的栏目不同,是鉴定者提醒证书接受者,以免证书的真实意义受到曲解,防止证书被泛用和误用。声明的内容依不同的鉴定机构而不同。例如,瑞士宝石研究所的钻石证书的声明是:

本钻石证书依据 CIBJO 钻石分级标准(1991年版),使用了十倍消球差、消色差放大镜和 CIBJO 比色石。

本钻石至少经过两名鉴定师的独立和客观的检测,并以现有的钻石分级知识为基础。

本证书不含关于钻石货币价值的陈述和保证。

本证书只有经鉴定师签章后才生效,复印件无效,并对任何误用和错用本证书的行为追究责任。

证书的此类声明,要依不同的内外部条件制定,将起到保护鉴定机构或鉴定师合法权益的作用,是对篡改和其它的不当行为的预防措施。

另一方面,对接受证书的一方也要注意证书的声明内容,以防备个别行业不轨的鉴定单位所设的圈套。笔者看到过这种证书,证书中有一段英文声明,其含义是:如果本证书的内容有错误,顾客也不可以埋怨。这种逃避责任的声明,使得证书中标示的品质与实际样品的品质相差甚远。

根据我国的有关法律,出证机构还必须经过技术监督部门的认证，取得计量认证合格资格，这一内容也要在证书上公布出来。

证书的具体形式可参见表7-1和表7-2。

第二节 钻石的估价及估价证书

钻石估价与钻石品质评定不同之处是，钻石品质评定没有意涉及钻石的货币价值，而且，出证人可以是交易中的一方。但是，钻石估价则不仅要对钻石的品质作出评估，并且还要在品质评估的基础上，评定钻石及其饰品的货币价值，且估价证书也不应由交易中的一方提供，而应由具有中间立场的评估专家提供。准确评估钻石的货币价值显然比评价其品质更为困难，估价师除了要掌握钻石品质的评价之外，还要掌握钻石市场的行情与变化，以及应付各具目的的顾客和他们带来的种类各异的物品。

1. 钻石的价格构成

钻石是珍贵的天然宝石，从探查、开采到加工销售，都花费了大量的人力和物力。最近在加拿大北部新发现的世界第三大格拉湖钻石矿床，是经历了十几年的勘查之后才得以发现的。前苏联在西伯利亚地区钻石矿的勘查，从1937年有组织、有计划地展开算起，到1955年才有了重大突破，找到了有开采价值的矿床，历时18年。我国曾在50年代中叶到70年代，整整20多年的时间内，投入了大量的人力、物力，进行钻石矿床的勘查，但并未获得重大成功。至今，钻石矿床的勘查仍在进行之中。找矿勘查的费用，自然要体现在钻石的价格上。

钻矿的开采也是投资巨大、耗费可观的工程。钻矿的贫富不一，根据统计，开采出1 ct钻石平均要采掘近23 t的岩土。再从大量的岩土中挑选出钻石，其难度与耗费是可以想象的。

所有的上述成本，将体现在钻石原石的价格上。但是，钻石原石的市场是高度垄断的。D. Beers矿业联合有限公司，代表钻矿的生产者出售全球总产量75%的钻石（宝石级和工业级的钻石），所制定

表7-1 裸钻的钻石分级证书（示范）

钻石分级证书
Diamond Grading Report

证书编号：×××

琢型：圆明亮式
尺寸：5.21×5.20×3.05(mm)
质量：0.102 4 g[0.51(2)ct]
比例等级：优
　全　深　比：59%
　台　宽　比：62%
　冠　部　角：33°
　亭　深　比：43%
　腰　　　棱：薄，粗磨
　底　小　面：点状
修饰度：
　对　称　性：很好
　抛　　　光：好
净　度：VS_1
色　级：H
荧光反应：中，蓝白
备　注：存在刀口状腰棱

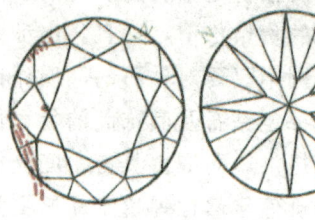

红色记号表示内部特征
绿色记号表示外部特征

签署：×××　×××　　　　　　　　　日期：××××年××月××日

本证书主要依据是国标 GB/T 16554-2003 钻石分级标准。所评叙钻石的品质，至少由两位具备当前钻石分级理论和技术的鉴定师独立鉴定。本证书不涉及物品的货币价值并只有经签字后才生效，复印件无效。任何人不得篡改本证书。

×××珠宝检测中心　　　　中国湖北省武汉市×××街××号
　　　　　　　　　　　　电话：×××　传真：×××

表 7-2 镶嵌钻石的钻石分级证书（示范）

钻石分级证书

证书编号：×××

Diamond Grading Report

首 饰 款 式：女式戒指
首饰总质量：6.0423（g）
主　　　　石：1粒，圆明亮式
陪　　　　石：6粒，分钻
主 石 尺 寸：4.15×4.10×2.51（mm）
估 计 质 量：0.27（ct）
近似比例等级：好
近 似 色 级：J—I
近 似 净 度：VS
荧 光 反 应：弱，蓝白
钻 石 品 级：好
备　　　　注：

签署：×××　×××　　　　　　　　　日期：××××年××月××日

本证书主要依据是国标 GB/T 16554-2003 钻石分级标准。所评叙钻石的品质，至少由两位具备当前钻石分级理论和技术的鉴定师独立鉴定。本证书不涉及物品的货币价值并只有经签字后才生效，复印件无效。任何人不得篡改本证书。

×××珠宝检测中心　　　　　中国湖北省武汉市×××街××号
　　　　　　　　　　　　　　　电话：×××　传真：×××

的价格及政策,自然也成为独立钻矿的榜样。此外,购买钻石原石的买主,是钻石切磨厂商。钻石原石价格的好坏,取决于钻石的品质和可切磨性。因而,对原石的评估,必须具有充分的原石切磨的知识与经验。作为面向社会大众服务的各种机构,或者零售业,主要接触的是成品钻石,所以原石的评估问题并不经常遇到。

钻石原石经切磨加工,批发商、或者饰品制造厂商、零售商,最后到消费者,还需要很多的耗费。一般估计,钻石切磨加工的费用要占到批发价的20%左右,批发商和零售商还要花费许多的销售成本,例如商店的房租、门面的装璜、日常的维护费用、员工的工资、保安及保险费用、税金、银行贷款利息、合理的投资与经营盈利等等,都将成为钻石最终销售价格的组成。并且,在上述钻石生产和流通各个阶段,有不同的价格。一般地说,可分成出厂价格、批发价格和零售价格3种类型。这3种价格也是钻石估价的基本依据。

2. 钻石的价格资料

在估价工作中,收集钻石市场行情是非常重要的。从事钻石或钻饰商贸,可以随时了解市场的动态,但专门从事鉴定工作的鉴定所或研究机构,通常不参与商业活动,从而对行情的了解也就不会全面和及时。即使从事钻石商贸,由于经销商品种类的局限和地域的限制等原因,也不能对行情有很好的了解。通过一些咨询公司定期发布的钻石报价表,了解钻石市场的动态和当前的价格概况是一个有价值的渠道。在我国,美国的纽约钻石报价表比较流行。此外,比利时、以色列、德国等也有类似的资料。

在使用这些资料时,还要对钻石报价表的性质和特点有所了解。以美国的纽约钻石报价表为例,该报价表是由 Rapaport Diamond Report 公司,汇总纽约众多的钻石贸易公司的报价,并加以整理,列出的较有代表性的价格,反映了纽约钻石市场上卖方要价的概况。

圆钻,由于交易量最大,品种规格最齐全,其价格是报价表的主要内容。报价表首先按钻石的克拉重量划分,从 0.01—0.99 ct 划分成 12 组,而从 1.00—5.99 ct 只划分成 6 组。每个重量组依净度与色级列出价格。价格以色级为纵坐标,净度为横坐标,列出每一种色级和净度组合的报价(表 7-3)。使用报价表时,例如要查看重量为 0.35 ct,净度为 VS_2,色级为 H 的圆钻的报价,先找到重为 0.30—0.37 ct 的表格,再从表中查出所指定净度(VS_2)与色级(H)的报价,为 1 900 美元/克拉。表中的价格以百美元为单位。

纽约钻石报价表按重量的划分,在 1 ct 以下较详细,而 1 ct 以上则较粗略。报价表上所列每一重量组的价格,比如,1.00—1.49 ct 组的报价,可以看作是 1.49 ct 大小的钻石的价格;1.50—1.99 ct 组的报价,可以看作是 1.99 ct 大小的钻石的价格。所以,两颗色级与净度相当,重量各为 1.48 ct 与 1.51 ct 的圆钻,实际的价格差距,应不如报价表所表现的那么大,而且,1.51 ct 钻石的实际报价,即某个钻石公司的报价,可能更接近于报价表上 1.00—1.49 ct 组的报价。

所以,也正如纽约报价表中的说明,报价表给出的是"纽约高位现金报价"(High Cash New York Asking Prices)。因而,成交价一般要低于报价。这是在应用钻石报价表作估价参考时要注意的问题。

3. 估价的类型

顾客要求对所拥有的钻石或钻石饰品进行估价有着不同的目的。就我国目前的情况而言,大多数估价的意图仅仅是想了解所拥有的钻石的价值,而没有什么具体的目的,如作抵押、再出售或者进行保险。但是,随着经济的发展,金融业服务项目的增多,这一方面的情形也应会发生变化。另一些估价的目的,往往涉及企业间的抵押、抵赔或者民事纠纷、刑事案件等。对这些目的不同的估价,要根据实际情况区别对待。

(1) 抵押估价

抵押估价是指当被估价的钻石或饰品用作抵押品时,用于银行

表 7-3 纽约钻石报价表（示范）

RAPAPORT DIAMOND REPORT

Tel：212-354-0575♦Fax：212-840-0243♦15West 47th Street，New York，NY 10036♦
Internet：WWW.diamonds.net

RAPAPORT：(.30—.37 CT.)；12/12/97.　　ROUNDS　　RAPAPORT：(.38—.45 CT.)；12/12/97.

	IF	VVS$_1$	VVS$_2$	VS$_1$	VS$_2$	S$_{11}$	S$_{12}$	S$_{13}$	I1	I2	I3		IF	VVS$_1$	VVS$_2$	VS$_1$	VS$_2$	S$_{11}$	S$_{12}$	S$_{13}$	I1	I2	I3
D	58	49	44	38	28	21	19	17	14	11	8	D	55	50	40	37	31	24	22	20	19	12	9
E	49	44	39	34	26	20	18	17	13	10	7	E	50	47	43	35	29	23	21	19	15	11	8
F	44	39	36	31	25	19	17	16	12	9	7	F	47	43	39	32	28	23	20	18	15	11	8
G	38	35	31	28	23	18	16	15	11	9	6	G	41	37	34	29	27	22	19	17	14	10	7
H	29	27	25	23	19	17	15	14	10	8	6	H	32	29	27	25	23	20	18	16	13	10	7
I	22	21	20	19	17	16	14	13	10	8	6	I	26	25	24	23	21	18	16	15	12	9	7
J	19	16	17	16	15	14	13	12	9	8	5	J	22	21	19	17	17	16	15	14	11	9	6
K	16	15	14	13	13	12	11	10	9	7	5	K	20	19	18	16	16	15	14	13	10	8	6
L	14	13	13	12	12	11	10	8	7	6	4	L	19	18	16	15	15	14	13	11	9	7	5
M	12	12	11	10	10	9	8	7	6	5	4	M	16	15	14	13	13	12	11	10	8	6	4

RAPAPORT：(.46—.49 CT.)；12/12/97.　　ROUNDS　　RAPAPORT：(.50—.69 CT.)；12/12/97.

	IF	VVS$_1$	VVS$_2$	VS$_1$	VS$_2$	S$_{11}$	S$_{12}$	S$_{13}$	I1	I2	I3		IF	VVS$_1$	VVS$_2$	VS$_1$	VS$_2$	S$_{11}$	S$_{12}$	S$_{13}$	I1	I2	I3
D	56	53	48	41	34	27	24	22	18	13	10	D	81	66	60	51	42	36	29	25	21	16	11
E	53	50	46	38	32	25	23	21	17	13	10	E	66	61	52	48	41	35	28	24	20	16	10
F	50	45	42	36	30	26	22	20	16	12	9	F	60	55	46	45	39	33	27	23	19	15	10
G	43	38	34	31	28	24	21	19	15	12	9	G	55	47	44	41	36	30	26	20	19	14	10
H	36	33	31	27	25	22	19	18	14	11	9	H	45	41	37	35	31	28	23	20	17	12	9
I	31	29	27	25	23	20	18	17	13	11	9	I	36	33	31	28	26	24	22	19	16	12	9
J	23	22	21	20	20	18	16	15	12	10	8	J	29	27	25	24	24	23	21	18	15	12	8
K	22	20	19	17	17	16	15	14	11	10	8	K	24	23	22	21	20	18	17	14	11	8	
L	20	18	17	16	16	15	14	12	10	9	8	L	23	22	21	20	20	19	17	15	11	10	7
M	17	16	15	14	14	13	12	11	9	8	6	M	20	19	18	17	17	16	15	13	10	9	6

· RAPAPORT 公司把原 I$_1$ 再划分成两个不同的净度级别，一个级别称为 SI$_3$，另一个级别仍用 I$_1$。

贷款的担保，或者用于偿还债务。抵押品应该具有容易变换成现金的性质，并保障抵押品接受者不会因接受抵押品而遭受经济损失。因而抵押估价必须排除钻石因流通环节所造成的附加值，应该是钻石或饰品在贷款期限内，或者当前市场的最低真实价格，可用合理的生产成本作为参考，接近但低于出厂价格。

（2）再销售估价

当拥有钻石或钻石首饰的普通消费者，因各种原因想要出售其所拥有的钻石或钻石首饰而又不知道其原来价格，要求进行估价时，应给予再销售估价。

再销售估价应以当前市场的零售价与批发价为基础，可以给出一较低的和一较高的估价。前者以批发价为参考，后者以零售价为参考。并且，在估价前，最好要了解委托人的身份，是意图出售钻石，或是想购买这件二手的钻饰。这样在估价时，会更有目的性。

（3）一般估价

一般估价的含义是，委托人并没有拟定的操作性目的，仅仅是希望了解所拥有宝物的价值，并且，往往采用口头咨询的形式。由于从商店购买珠宝是一般消费者获得钻石的正常渠道，所以要用零售价作为估价的参考点。

（4）投保估价

国外的许多保险公司有为贵重物品保险的业务。对于投保估价，必须考虑到，投保的钻石万一失落，索赔的金额应足以再购与原来相当的钻石，因而应以零售价格作为估价的参考。

（5）法庭咨询估价

法庭咨询估价涉及到多种不同的类型，比如同样是对失窃财物的估价，对经销商失窃与消费者失窃的钻石或饰品的估价就不一样。经销商的直接损失以批发价为参考，而消费者的直接损失则以零售价为参考。因此，当遇到法庭咨询估价时，一定要详细了解估价的目的和具体情况，区别对待。另外，法庭咨询的责任重大，一定要公正地、客观地进行估价，不可受他人或者个人观念的左右与影响。

4. 估价证书的内容

钻石及其饰品的估价是建立在对物品品质正确评定的基础上，涉及到钻石的品质，首饰贵金属的种类，首饰的文化内蕴，即是否具有古董的价值，钻石与贵金属当前的价格及其它可能的变化。这些内容都要反映在估价证书中。与钻石分级证书类似，估价证书也必须做到：①描述准确；②结论准确可靠；③用语严谨规范；④不被误用与泛用。根据这些要求，估价证书应含有下列的条款和内容。

（1）委托人的姓名与地址

估价证书必须有委托人的姓名与地址，这也是防止证书被误用的措施。如果是受某一公司或团体的委托，则也可写上公司的名称及具体经办人的姓名。委托人的地址也要详细，并可记下委托人的电话等快捷联系的地址。

（2）估价的目的

根据委托人的意图填写，如再销售，或抵押，或投保等。因为估价的目的与估价的结果有密切的关系，所以这也可预防证书被用于其它的目的，以免导致第三方对估价结果的不满或怀疑。同时，这还有利于日后对估价结果是否准确的评判。

（3）估价物品的客观描述

对估价物品的描述，不仅具有证明钻石或首饰身份的意义，也是进行评估的基础工作，要记叙的内容有：估价物品的名称和数量、钻石的琢型、大小、重量或者首饰的款式和总重量，以及金属托架的贵金属种类等。如果首饰具有古董价值，也应加以记叙，例如记下首饰或钻石生产的日期、厂家、首饰的艺术风格等。

（4）钻石或首饰的品质评价

这一部分的内容与钻石分级证书的内容相同，要对钻石的品质作描述和评价，记下钻石的色级、净度、切工等级和准确的克拉重量。如果是钻石首饰，也要尽可能准确地给出钻石的4C评价。同时，还要对金属托架的质量作出评价,如贵金属的成色、工艺质量等。

(5) 估价结果

估价结果是估价证书的核心内容。要根据钻石的品质对照当前市场的行情,给出合适其估价目的的估价。这些内容都要在证书中反映出来,例如可以写成"根据当前的零售价格,所评估的钻石约值……"。这句文字就包含了估价的类型和时间的限定。钻石的评估价值用阿拉伯数字和大写数字两种方式记叙。

(6) 估价人、估价单位签章、日期和证书编号

估价证书必须有估价单位的印章和估价人的签署,才能作为有效的文件。日期的意义也非常重要,它将对估价的合理性提供支持。估价证书的编号往往不多见,因为估价证书通常没有固定的格式。最后,要在证书上附上估价机构的通讯地址,一方面说明评价的所在地区,另一方面为委托人提供进一步服务的方便。

(7) 注意事项或声明

对估价证书的作用作一定的限制,不仅对估价人具有保护意义,而且使估价证书更为客观,更为符合实际情况。估价结果的准确性是建立在某些在证书中未涉及的条件之上。首先,估价只是专家的意见,不能是物品的买入或卖出的价格。其次,估价受到地域性的影响,例如在国外市场上的钻石饰品的零售价,就很可能与国内市场的零售价大不一样。这与关税、购买力等因素有关。此外,所采用的评价品质的标准及方法的不同,也可能会导致估价上的出入。这些因素,都可以在这一栏目中加以说明。

以上各项的具体内容可参阅下文估价证书的示范本。

5. 钻石估价证书的格式

钻石估价证书的格式,可以依上述的各项内容,参照钻石分级证书进行制作。但是,绝大多数的鉴定机构或实验室通常没有印制专门的估价证书。这是因为,一方面估价的情况比较复杂,委托人往往有特殊的要求,固定的格式不一定能满足实际需求。另一方面,

估价的工作远不如分级工作的业务量大,印制证书显得浪费。加上现在个人计算机相当普及,可以方便地打印出精美的证书,因而临时性地制作钻石或钻石首饰的估价证书最为常见。但无论是临时地制作,或是印制固定格式的估价证书,都应尽量全面地包含应有的项目和内容。

表 7-4 给出一个临时制作的估价证书的示范,更精美的估价证书,还可以带有封面,附上物品的照片等。

第三节 钻石切工的定量评价

钻石的切工对成品钻石价格的影响主要有两个方面:首先,好的切工意味着要有更高的技术和花费更多的时间,人工成本相对较高。其次,切工好,往往还要消耗更多的原石,出品率较低,因而也导致成本的增加。这些成本开支最终都要体现到钻石的价格上。切工好的钻石价格较高,切工差的钻石价格较低。所以,在钻石估价时,也要区别不同的切工,给出不同的估价。但是,通常能够获得的钻石价格,都是针对切工优秀的钻石。为了解决这一问题,除了平时要悉心收集切工质量不一的实际价格资料外,还要采用系统的切工评价方法,找出其与优秀切工的差距,并依此折扣其价值,得出相应于特定切工质量的价格。这种评价的原则是,假定对所见的切工不良的钻石重新切磨,使之达到优秀切工的等级,经重切后,钻石要损失一定的重量,估算出重切后的重量,并以此值为估价的重量。用公式表示即为:

估价价值=评估重量×克拉价格

得出这一估价价值有两个途径,其一是进行细致的切工定量评价,其二是根据切工的等级给定扣减系数。前一种方法的好处是,评估细致,并便于日后的查对,但花费时间。后一种方法,实际上也是建立在前一种方法的基础之上,虽有快捷的优点,但稍嫌粗糙。可

表 7-4　估价证书（示范）

钻石饰品估价证书

委 托 人：×××女士　　　　　　　　　地址：武汉市×××街××号
估价物品：钻石女戒壹枚　　　　　　　电话：×××
估价目的：再销售

物品特征：

　　钻石为圆明亮式琢型，面棱略有磨损，大小 6.42×6.48×3.96（mm）。无陪石，金属托架呈黄色，成色 18 K（Au74.6%，Ag12.3%，Cu 少量），古典风格，做工精细。首饰总重量 6.253 g。据委托人陈述，该枚女戒系其祖母遗物，但未能在物品上找到日期或厂商的标记。

钻石品质评价：

　　估计重量：1.04 ct　　　　　　　　切工级别：好
　　近似净度：VS　　　　　　　　　　比　　例：优
　　近似色级：H　　　　　　　　　　　修饰度：好
　　　　　　　　　　　　　　　　　　　品质评价：好

估价结果：

　　本证书主要依据国标 GB/T 16554-2003 颁布的标准与要求进行钻石的品质评价。根据当前市场的批发价格，所评估的女式钻戒约值 34 500 元人民币（叁万肆仟伍佰元）。此估价不限制、不保证该物品再销售时可能的成交价格。

估价师：×××　　　　　　　　　　　日　期：××××年××月××日

×××珠宝评估中心　　　　中国湖北省武汉市×××街×××号
　　　　　　　　　　　　　电话：×××　传真：×××

以根据不同的情况和要求,采用不同的方法。

1. 切工定量评价方法

切工定量评价可以根据作业单提供的项目,逐项进行扣分。扣分数值是根据切工缺点的性质和程度来确定的,最后分类别统计,整理得出总扣分。具体说明如下:

(1) 比例部分的评价

只有圆钻才进行比例部分的评价。表7-5列出了要评价扣分的内容,即按圆钻各比例指标偏离标准比例的程度打分。

表7-5 比率偏差的定量评价表

台宽比(%)	扣分	冠部角(°)	扣分
＜50	6	25	3
50	4	27	2
51	2	29	1
53—66	0	31—38	0
68	2	40	1
70	5	42	2
72	8	44	3
亭深比(%)	扣分	腰棱厚度	扣分
38	9	很薄	2
39	7	薄	0
40	5	中	0
41	3	厚	1—5
42—45	0	很厚	6—10
46	2	底小面大小	扣分
47	4	点状	0
48	6	小	0
49	8	中	1—5
		大	6—10

(2) 对称性部分的评价

对称性部分按表 7-6 的内容逐项评定,并在总体上分成两种类别,即比较重要的部分"可测量的对称性特征"和相对次要的部分"不便测量的对称性特征"。

可测量的对称性特征按偏离度评分。偏离度小于 2%,不扣分;2%—3%,扣 2 分;大于 3%—4%,扣 4 分;大于 4%,扣 6 分。

表 7-6 对称性特征偏差的定量评价表

可测量的对称性特征				
误差值	<2%	2%—3%	3%—4%	>4%
扣分值	0	2	4	6
不便测量的对称性特征(十倍放大镜下观察)				
误差值	不可见或难见	可见	易见	特大或特多
扣分值	0	1	2	3

不便测量的对称性特征则按在十倍放大镜下的可见程度评分。在十倍放大镜下不可见或难见,不扣分;可见,扣 1 分;易见,扣 2 分;特大或特多,扣 3 分(表 7-6)。对称性特征的评价可以使用表 7-7 的作业单,依表 7-7 中的各个项目逐项进行评价。

(3) 切工等级与扣分的关系

切工等级与扣分的关系见表 7-8。

(4) 总扣分的计算和评估重量

总扣分的计算按下面的方法进行,其目的是为了避免过多的扣分和重叠的扣分。

(a) 比例部分的合计扣分等于各项比例扣分的总和

(b) 对称性部分的总扣分分成两个部分计算

①可测量的对称性特征部分的累计扣分等于各项扣分之和。

②不便测量的对称性特征部分的累计扣分:

表 7-7 对称性特征定量评价作业单

1. 可测量的对称性特征	扣　分
①腰棱圆度	0　2　4　6
②台面倾斜度	0　2　4　6
③台面偏心	0　2　4　6
④底小面（或底尖）偏心	0　2　4　6
2. 不便测量的对称性特征	
(1) 冠　部	扣　分
①台面不对称	0　1　2
②多余的台面面棱	0　1　2
③上主小面太小，不及台面	0　1　2
④上主小面太小，不及腰棱	0　1　2
⑤过长的上主小面	0　1　2　3
⑥面棱不交于一点	0　1　2
⑦上腰小面太短（<50%）	0　2　3
⑧同种小面不等大	
(2) 腰　棱	扣　分
①腰棱厚度不均匀	0　1　2　3
②存在刀口状腰棱	0　2　3
③仅部分抛光的腰棱	0　1　2
④波状腰棱	0　2　3
⑤上下面棱偏移	0　1　2　3
(3) 亭　部	扣　分
①过长的下主小面	0　1　2　3
②过短的下主小面	0　1　2　3
③过短的下腰小面	0　2　3
④下主小面不等大	0　1　2　3
⑤下腰小面不等大	0　1　2
(4) 特殊情况	扣　分
缺少刻面	0　2　3

表 7-8 比例等级的定量划分

比例等级	优	良	中	差
比例部分累计扣分	0—3	4—6	7—12	>12
对称性等级	优	良	中	差
对称性部分累计扣分	0—3	4—6	7—12	>12

如果累积扣分小于 5，累计扣分为各项扣分的累加和。

如果累积扣分大于 5，又小于 10，累计扣分计为 5。

如果累积扣分大于 10，则大于 10 的部分除 2 后再加 5，作为累计扣分。

(c) 总扣分＝比例部分累计扣分＋可测量对称性特征部分累计扣分＋不便测量对称性特征部分累计扣分

(d) 评估重量＝实际重量 $\times \dfrac{100-总扣分}{100}$

评估价值＝评估重量×克拉价格

(5) 实例

有一颗圆钻，重 1.05 ct，切工评价的结果是：台宽比 68%，冠角 32°，亭深比 46%，中等腰厚，点状底尖。依表 7-5，台宽扣 2 分，亭深扣 2 分，比例部分总扣分为 4。

可测量对称性部分，因台偏、底偏扣 3 分。不便测量对称性部分，因冠部的各种偏差扣 4 分，不均匀的腰厚扣 2 分，亭部的各种偏差扣 4 分。

(a) 依此可得切工等级评价结果

比例累积扣分　　　4　　　比例等级　　　良好
对称性累积扣分　　11　　　对称性等级　　中等

(b) 总扣分

总扣分＝比例累积扣分＋可测量对称性累积扣分＋不便测量
　　　对称性累积扣分＝4＋3＋5＝12

(c) 评估价值

评估重量=1.05×88%=0.92（ct）

查 0.92 ct 大小的圆钻报价（不是 1.05 ct 大小的圆钻报价），假定 15 600 元/克拉，该圆钻的评估价值为 15 600×0.92=14 352 元。

2. 切工等级直接评估法

根据切工定量评价的结果，可以得到切工等级与扣分的关系，从而也可得出对价值产生影响的系数（表 7-9）。应用这种关系，在经过切工评价之后（按第四章的方法），可以很快地作出考虑切工因素的估价。

表 7-9 切工等级系数（%）

比例等级	优	良	中	差
等级系数	0	4—6	6—12	>12
对称性等级	优	良	中	差
等级系数	0	4—6	6—12	>12

评估价值=原价值×(100% - 切工等级系数)，其中切工等级系数为比例等级系数与对称性等级系数之和。

例如，一粒圆钻，经切工评价其比例等级为良好，据表 7-9，比例等级系数为 4%—6%，取中间值为 5%。其对称性等级为中等，对称性等级系数为 6%—12%，因其对称性较好，故为 7%。切工等级系数则为 5%+7%=12%。该圆钻原报价为 5 600 元，依上述公式，该圆钻的评估价值为 5 600×(100% - 12%)=4 928 元。

参考文献

陈钟惠等译，1993，《宝石钻石学教程》，武汉：中国地质大学出版社

国家技术监督局，1996，中华人民共和国国家标准钻石分级标准 GB/T-16554-1996，北京：中国标准出版社

吴舜田等，1991，《实用钻石分级学》，台北：经纬图书公司

袁心强，1997，钻石分级证书的作用与要求，《珠宝科技》，总第 25 期，桂林

张瑜生，1987，《4C 钻石评价》，台北：华视出版社

Bruton, E., 1970, 《Diamonds》, N. A. G. Press Ltd., London

Pagd-Theisen, V., 1991, 《Diamond Grading a b c》, Rubin Son, New York

CIBJO, 1991, 《CIBJO Diamonds Book》, UBOS, Bern

Harder, H., 1984, Zur Unterscheidung des Diamanten von Imitationen mit einfachen Mitteln, 《Aufschluss》, Vol. 35, Heidelberg

Lenzen. G., 1979, 《Diamantenkunde》, Lenzen. V E., Kirschweiler